全国一级造价工程师职业资格考试红宝书

建设工程计价

经典真题解析及预测

2025 版

主　编　左红军
副主编　杨润东

机 械 工 业 出 版 社

本书以全国一级造价工程师职业资格考试大纲及教材为抓手，以现行法律法规、标准规范为依据，以历年真题为载体，在突出考点分布和答题技巧的同时，兼顾本科目知识体系框架的建立，并与案例分析相呼应，提供工程造价各阶段计价方法和依据。

本书通过经典真题与考点的筛选、解析，使考生能够快速地抓住应试要点，并通过经典题目将考点激活，从而解决死记硬背的问题，真正保证了“三度”，即“广度”“深度”“速度”。

“广度”——考试范围的锁定。本书通过对考试大纲及命题考查范围的把控，确保覆盖90%以上的考点。

“深度”——考试要求的把握。本书通过对历年真题及命题考查要求的解析，确保内容的难易程度适宜，与考试要求契合。

“速度”——学习效率的提高。本书通过对历年真题及命题考查热点的筛选，确保重点突出60%的常考、必考内容，精准锁定55%的2025年考试要求掌握的内容，剔除10%的冷僻内容和老套过时的题型，做到有的放矢，提高学习效率。

本书适合2025年参加全国一级造价工程师职业资格考试的考生，同时还可作为建造工程师和监理工程师考试的重要参考资料。

图书在版编目（CIP）数据

建设工程计价经典真题解析及预测 ：2025版 / 左红军主编. -- 5版. -- 北京 ：机械工业出版社，2025. 6.
（全国一级造价工程师职业资格考试红宝书）. -- ISBN 978-7-111-78843-0

Ⅰ. TU723. 32-44

中国国家版本馆CIP数据核字第2025B8S702号

机械工业出版社（北京市百万庄大街22号 邮政编码100037）
策划编辑：王春雨　　责任编辑：王春雨　卜旭东
责任校对：张爱妮　张亚楠　　封面设计：马精明
责任印制：刘　媛
北京富资园科技发展有限公司印刷
2025年8月第5版第1次印刷
184mm×260mm · 11. 75印张 · 264千字
标准书号：ISBN 978-7-111-78843-0
定价：49. 00元

电话服务
客服电话：010-88361066
010-88379833
010-68326294

网络服务
机　工　官　网：www. cmpbook. com
机　工　官　博：weibo. com/cmp1952
金　　书　　网：www. golden-book. com
机工教育服务网：www. cmpedu. com

本书编写人员

主　　编　左红军

副 主 编　杨润东

编写人员　左红军　杨润东　吕文秋　李　慧

前　　言

——65 分须知

本书严格按照建设工程相关的现行法律、法规、计量和计价规范的要求，对经典真题进行了体系性的解析，从根源上解决了“知识繁杂难掌握，范围太大难锁定”的应试难题。

经典真题是本考试科目命题的风向标，也是考生顺利通过全国一级造价工程师职业资格考试的“生命线”，在搭建框架、锁定题型、实操细节三部曲之后，对本书中的经典真题反复精练三遍，65 分（60 分及格，另外 5 分为保险分）指日可待。所以，经典真题解析是考生应试的必备法宝。本书的主要内容概括如下。

一、框架纲领

1. 第一章和第二章

这两章高度概括了计价的纲领和原理，必须牢固掌握基本理论，结合生活及工作实际进行理解，然后通过相应的习题练习加以巩固。

2. 第三章至第六章

这四章的主要内容是以建设项目为研究对象，以《方法与参数（第三版）》《计量及计价规范》《建设工程施工合同（示范文本）》为依据，运用定额、清单等工具对建设项目投资及工程造价进行全过程的分析和控制。

二、考试题型

1. 单项选择题（60 分）

1）规则：四个备选项中，只有一个最符合题意。

2）要求：在考场上，题干读 3 遍，细想 3 秒钟，看全备选项。

3）例外：没有复习到的考点，先放行，可能多项选择题部分对其有提示。

4）技巧：设置计算题的目的在于通过数字考查概念；综合单项选择题在于考核专业语感；有正反选项的单项选择题，其正确答案大概率是其中一个；偏题的 B、C 选项正确的概率高。

2. 多项选择题（40 分）

规则：①至少有 2 个备选项是正确的；②至少有 1 个备选项是错误的；③错选，不得分；④少选，所选的每个选项得 0.5 分。

1）依据规则①：如果用排除法已经排除三个备选项，剩下的两个备选项必须全选！

2）依据规则②：如果每个备选项均不能排除，说明对该考点有印象，但没有完全掌握

到位，在考场上你应该怎么办？必须按照规则②执行！

3）依据规则③：如果已经选定了两个正确的备选项，第三个不能确定，在考场上你应该怎么办？必须按照规则③执行！

4）依据规则④：如果该考点是根本就没有复习到的极偏的专业知识，在考场上你应该怎么办？必须按照规则④执行！

上述一系列的怎么办，请考生参照经典真题解析中的应试技巧，不同章节有不同的选定方法，但总的原则是“胆大心细规则定，无法排除AE并，两个确定不选三，完全不知C上挺”。

三、基本题型

根据问题的设问方法和考查角度，本科目考试题型可划分为四大类：综合论述题、细节填空题、判断应用题和计算题。

1. 综合论述题

这是近年来全国一级造价工程师考试公共课命题的热点及趋势，也是目前考试的主打题型。此类型题目最大的特点是考查的知识点多，涉及面广，要求考生能够系统而全面地掌握相关知识，增加了考试通过的难度。

在复习备考的过程中，考生需要系统而全面地对每科知识进行复习，通过知识体系框架的建立及习题练习，来保障对考试范围内知识点的覆盖程度。请注意一级造价工程师的考试最重要的是对知识面的考查。

2. 细节填空题

细节填空题分为两类，一类是重要的知识点细节，即重要的期限、数字、组成、主体等；另一类是对一些易混淆、易忽视、含义深的知识点的考查，题目会根据考生平时的惯性思维、复习盲区等制造干扰选项来扰乱思维。

由于这类题具有较强的规律性，在复习备考的过程中，考生应当通过经典真题的练习和相关教材的讲解，对这些知识点进行重点标注、归纳总结。

3. 判断应用题

这类题是考试的难点题型，需要考生对工程经济的专业概念、理论、规范有着深入而清醒的认识和理解，能够站在工程经济的角度，运用相关知识和工具对项目建设过程中出现的实际问题进行分析判断，并进行合理有效的处理。

这部分知识点需要考生借助专业人士或辅导老师深入浅出的讲解，在理解的基础上系统掌握，而不是机械地背诵或记忆。这类题也是考试改革和命题趋势所向，同时对考生实际的建设工程项目管理工作有很强的规范和指导意义。

4. 计算题

历年“建设工程计价”科目考试计算题的分值都在13分左右，很多考生认为是难点，实际上本科目考试的计算题并不复杂，计算本身是初等数学知识的运用，重点在于经济模型的建立和对相关知识的理解。这部分内容的特点在于一旦掌握，长期不忘，无须记忆，分数稳拿，因此这部分内容应当是所有考生必须掌握的。

本书内容中所有计算题的解析尽其可能地避免运用教材中繁杂的公式，从最简单的角度和列式来解答，要求考生重在理解，反复练习掌握，同时注意提高解题速度。

四、考生注意

1. 背书肯定考不过

在应试学习过程中，只靠背书是肯定考不过的。切记：体系框架是基础、细节理解是前提、归纳总结是核心、重复记忆是辅助。特别是非专业考生，必须借助经典真题解析中的大量图表去理解每一个知识体系的模块。

2. 勾画教材考不过

从2014年开始，靠勾画教材押题通过考试已经成为“历史传说”，造价工程师考题的显著特点是以知识体系为基础的“海阔天空”，试题本身的难度并不大，但涉及的面很广。考生必须首先搭建起属于自己的知识体系框架，然后通过对真题的反复演练，在知识体系框架中填充题型。

3. 只听不练难通过

听课不是考试过关的唯一条件，但听了一个好老师的讲课对你搭建知识体系框架和突破难点会有很大帮助，特别是非专业考生。听完课后要配合经典真题进行精练，反复校正答题模板，形成题型定式。

4. 先案例课、后公共课，统一部署、区别对待

赢在格局，输在细节。“格局”即一级造价工程师职业资格考试四科应统一部署，整个知识体系化，主次分明、分而治之、穿插迂回、各个击破。“细节”为日常的时间安排及投入，每个板块知识点最终聚焦为一个个考点，一道道真题，日积月累，滴水穿石。

在经典真题总结归纳的基础上，区别对待不同的知识体系。例如，“建设工程造价管理”侧重的是合同管理的理论和工具；“建设工程造价案例分析”是历年考试的重中之重，也是是否能够通过一级造价工程师考试的关键所在，同时“建设工程造价案例分析”又融合了三门公共课的主要知识内容，这就需要以“建设工程造价案例分析”为龙头形成体系框架，在此基础上跟进公共课的选择题，从而达到“案例带动公共课，公共课助攻案例”的目的。

5. 三遍成活

综上所述的绝大部分内容在本书中都有体现，因此要求考生对本书的内容做到“三遍成活”。

第一遍：重体系框架、重知识理解，本书通篇内容都要练习。

第二遍：重细节填充、重归纳辨析，对书中的考点、难点、重点要反复练习，归纳总结，举一反三。

第三遍：重查漏补缺、重错题难题，在考前最好的复习资料就是错题，错题是查漏补缺的重点。

五、超值服务

扫描下面二维码加入微信群可以获得：

（1）一对一伴学顾问。

（2）2025 全章节高频考点习题精讲课。

（3）2025 全章节高频考点习题精讲课配套讲义（电子版）。

（4）2025 造价全阶段备考白皮书（电子版）。

（5）红宝书备考交流群：群内定期更新不同备考阶段精品资料、课程、指导。

本书编写过程中得到了业内多位专家的启发和帮助，在此深表感谢！由于时间和水平有限，书中难免有疏漏和不当之处，敬请广大读者批评指正。

愿我们的努力能够帮助广大考生一次性通关取证！

编　者

目 录

第一章　建设工程造价构成

第一节　概　　述

【考点分解】

考点一、我国建设项目总投资构成

考点二、国外建设工程造价构成

【真题实战】

考点一、我国建设项目总投资构成

1. **【2023年真题】** 某建筑工程项目建设投资为12000万元，工程建设其他费为2000万元，预备费为500万元，建设期利息为900万元，流动资金为300万元。该项目的固定资产投资为（　　）万元。

A. 12900　　B. 13400

C. 15400　　D. 15700

【解析】 固定资产投资由建设投资和建设期利息组成。计算过程：12000+900=12900（万元）。

2. **【2022年补考真题】** 某建设项目工程费用为10000万元，工程建设其他费为2000万元，预备费为600万元，建设期贷款为8000万元，建设期利息为800万元，流动资金为400万元，该项目建设投资为（　　）万元。

A. 12600　　B. 13400

C. 13800　　D. 21000

【解析】 建设投资由工程费用、工程建设其他费和预备费组成，故本题建设投资=10000+2000+600=12600（万元）。

3. **【2021年真题】** 某建设项目工程费用15000万元，设备购置费5000万元，工程建设其他费3000万元，预备费1000万元，建设期贷款利息1000万元，流动资金500万元，则该项目的工程造价为（　　）万元。

A. 19000　　B. 20000

C. 20500　　D. 25500

【解析】 本题考核工程造价的组成。工程造价即固定资产投资，由建设投资和建设期利息组成。建设投资由工程费用、工程建设其他费和预备费组成，本题工程造价为：15000+3000+1000+1000=20000（万元），故B选项正确。特别注意，工程费用由建筑安装工程费和设备及工器具购置费构成，所以工程费用包含了设备购置费，本题设备购置费为干扰项。

4. 【2020年真题】固定资产投资包括（　　）。

A. 建筑工程费+安装工程费+预备费

B. 建筑工程费+安装工程费+建设工程其他费

C. 建筑安装费+建设工程其他费+预备费

D. 工程费用+建设其他费+预备费+建设期利息

【解析】 本题考核我国建设项目总投资的构成。固定资产投资包括建设投资和建设期利息，建设投资由工程费用、工程建设其他费和预备费组成。故D选项正确。

5. 【2019年真题】根据我国现行建设项目总投资及工程造价的构成，下列资金在数额上和工程造价相等的是（　　）。

A. 固定资产投资+流动资金　　B. 固定资产投资+铺底流动资金

C. 固定资产投资　　D. 建设投资

【解析】 本题考核我国现行建设项目总投资构成。固定资产投资与建设项目的工程造价在量上是相等的，由建设投资和建设期利息组成。故C选项正确。

6. 【2018年真题】根据现行建设项目投资相关规定，固定资产投资应与（　　）相对应。

A. 工程费用+工程建设其他费　　B. 建设投资+建设期利息

C. 建筑安装工程费+设备及工器具购置费　　D. 建设项目总投资

【解析】 本题考核我国现行建设项目总投资构成。固定资产投资由建设投资和建设期利息组成。A选项错误，工程费用、工程建设其他费与预备费之和对应的是建设投资；B选项正确；C选项错误，建筑安装工程费与设备及工器具购置费之和对应的是工程费用；D选项错误，建设项目总投资与固定资产投资和流动资产投资之和相对应。

7. 【2017年真题】根据现行建设项目工程造价构成的相关规定，工程造价是指（　　）。

A. 为完成工程项目建造，生产性设备及配合工程安装设备的费用

B. 建设期内直接用于工程建造、设备购置及其安装的建设投资

C. 为完成工程项目建设，在建设期内投入且形成现金流出的全部费用

D. 在建设期内预计或实际支出的建设费用

【解析】 本题考核的是工程造价的定义，即在建设期预计或实际支出的建设费用。故D选项正确。

8. 【2016年真题】关于我国建设项目投资，下列说法中正确的是（　　）。

A. 非生产性建设项目总投资由固定资产投资和铺底流动资金组成

B. 生产性建设项目总投资由工程费用、工程建设其他费和预备费三部分组成

C. 建设投资是为了完成工程项目建设，在建设期内投入且形成现金流出的全部费用

D. 建设投资由固定资产投资和建设期利息组成

【解析】 本题考核我国现行建设项目总投资构成。A 选项错误，非生产性建设项目总投资包括建设投资和建设期利息两部分，没有流动资金；B 选项错误，生产性建设项目总投资包括固定资产投资和流动资产投资，而工程费用、工程建设其他费用和预备费组成的是建设投资；C 选项正确；D 选项错误，建设投资和建设期利息之和为固定资产投资。

考点二、国外建设工程造价构成

9. 【**2023 年真题**】根据国际建设项目计量标准（ICMS），下列费用中，应计入项目相关建设成本的是（　　）。

A. 场外设施费　　B. 附属工程费

C. 拆除和场地平整费　　D. 场地购置费

【解析】

项目基本建设成本	拆除和场地平整、下部结构、结构、非承重结构和装饰工程/非结构工程、服务和设备、地表和地下排水系统、附属工程、施工准备/承包方现场管理费用/一般要求、风险准备金、税金
	风险准备金：与项目基本建设成本有关，但不包含在业主其他费用中；包括价格水平调整部分，即在一定期限内，允许对通货膨胀、上调或紧缩引起的价格水平波动进行调整
项目相关建设成本	场外设施费用、工器具及生产家具购置费、与项目建设有关的咨询费和监理费、风险准备金
	风险准备金：包括为预防风险和因项目结果不确定性需要而预留的准备金，此项准备金与项目相关建设成本有关，同样不包含在业主其他费用中
场地购置费和业主其他费用	场地购置费、行政、财务、法律和经营费用

10. 【**模拟真题**】下列国外建设项目总投资构成的费用中，属于项目相关建设成本的是（　　）。

A. 服务和设备　　B. 工器具及生产家具购置费

C. 与项目基本建设成本有关的风险准备金　　D. 行政、财务、法律和经营费用

【解析】 略。

11. 【**模拟真题**】下列国外建设项目总投资构成的费用中，属于项目基本建设成本的是（　　）。

A. 承包方现场管理费用　　B. 工器具及生产家具购置费

C. 场外设施费用　　D. 场地购置费

【解析】 略。

12. 【**模拟真题**】下列国外建设项目总投资构成的费用中，属于项目相关建设成本的是（　　）。

A. 承包方现场管理费用　　B. 场外设施费用

C. 场地购置费　　D. 行政、财务、法律和经营费用

【解析】 略。

参考答案

1	2	3	4	5	6	7	8	9	10
A	A	B	D	C	B	D	C	A	B
11	12								
A	B								

【2025 考点预测】

1. 我国建设项目总投资的组成及各组成部分内容。
2. 国外建设工程造价构成及各组成部分内容。

第二节　设备及工器具购置费用的构成和计算

【考点分解】

考点一、设备及工器具购置费的组成
考点二、国产设备原价的组成和计算
考点三、进口设备交易价格及原价的计算
考点四、设备运杂费的构成和计算

【真题实战】

考点一、设备及工器具购置费的组成

1. **【2013 年真题】** 下列费用项目中，属于工器具及生产家具购置费计算内容的是（　　）。

A. 未达到固定资产标准的设备购置费　　B. 达到固定资产标准的设备购置费

C. 引进设备时备品备件的测绘费　　D. 引进设备的专利使用费

【解析】 本题考核工具器具及生产家具购置费的内容。工具器具及生产家具购置费是保证初期正常生产必须购置的没有达到固定资产标准的设备、仪器、工卡模具、器具、生产家具和备品备件等的购置费用。

2. **【2015 年真题】** 关于设备购置费的构成和计算，下列说法中正确的有（　　）。

A. 国产标准设备的原价中，一般不包含备件的价格

B. 成本计算估价法适用于非标准设备原价的价格

C. 进口设备原价是指进口设备到岸价

D. 国产非标准设备原价中包含非标准设备设计费

E. 达到固定资产标准的工器具，其购置费用应计入设备购置费中

【解析】 本题考核设备购置费的内容。A 选项错误，设备原价通常包含备品备件费在内；B 选项正确，成本计算估价法是一种比较常用的估算非标准设备原价的方法，非标准设

备原价其他计算方法还有系列设备插入估价法、分部组合估价法和定额估价法；C 选项错误，进口设备的原价是指进口设备的抵岸价，到岸价为离岸价（FOB）、国际运费、运输保险费之和；D 选项正确；E 选项正确。

考点二、国产设备原价的组成和计算

3. **【2023 年真题】** 某项目采购一台国产非标准设备，制造厂生产该设备的材料、加工、工具等费用为 30 万元，外购配套件费为 8 万元，利润率为 7%，增值税税率为 13%。不计其他费用，则用成本计算估价法计算的该台设备原价为（　　）万元。

A. 44.27　　B. 44.91

C. 45.31　　D. 45.95

【解析】 计算过程：[30×(1+7%)+8]×(1+13%)=45.31（万元）

项目	费用名称	计算方法
组成	① 材料费	材料净用量×(1+加工损耗系数)×每吨材料综合价
	② 加工费	材料总用量×材料加工单价
	③ 辅助材料费	材料费×辅助材料费指标
	④ 专用工具费	①~③项之和为基数乘以一定百分比
	⑤ 废品损失费	①~④项之和为基数乘以一定百分比
	⑥ 外购配套件费	原价加运杂费
	⑦ 包装费	①~⑥项之和为基数乘以一定百分比
	⑧ 利润	按①~⑤项加第⑦项之和为基数乘以一定百分比
	⑨ 税金（销项税）	销售额×增值税税率，销售额为①~⑧项之和
	⑩ 非标准设备设计费	按收费标准计算
计算	{[(材料费+加工费+辅助材料费)×(1+专用工具费率)×(1+废品损失费率)+外购配套件费]×(1+包装费率)−外购配套件费}×(1+利润率)+外购配套件费+销项税额+非标准设备设计费	

4. **【2022 年补考真题】** 按照成本估价法计算国产非标准设备原价时，下列费用项目中，包含在利润计算基数中的是（　　）。

A. 增值税销项税额　　B. 包装费

C. 外购配套件费　　D. 设备设计费

【解析】 略。

5. **【2022 年真题】** 生产非标准设备所用的材料、辅助材料和加工费合计为 6 万元，专用工具和废品损失费为 0.5 万元，外购配套件费为 1.5 万元。若利润率为 10%，增值税税率为 13%，设备原价按成本计算估价法确定，在不发生其他费用的情况下，该设备的增值税销项税额为（　　）万元。

A. 0.930　　B. 1.040

C. 1.125　　D. 1.144

【解析】 [(6+0.5)×(1+10%)+1.5]×13%=1.125（万元）。

6. **【2020 年真题】** 某国内设备制造厂生产某台非标准设备的生产制造成本及包装费用

为 20 万元，外购配套价费为 3 万元，利润率为 10%，增值税税率为 13%，则生产该台设备的利润为（　　）万元。

A. 2.00　　B. 2.26

C. 2.30　　D. 2.60

【解析】 本题考核国产非标准设备原价的计算。非标准设备利润的计算基数为材料费、加工费、辅助材料费、专用工具费、废品损失费和包装费之和，不含外购配套件费。另外，该知识点需要注意，增值税的计税基数不含非标准设备设计费。计算过程：20×10% = 2.00（万元）。

7. **【2016 年真题】** 已知生产某非标准设备所需材料费、加工费、辅助材料费、专用工具费合计为 30 万元，废品损失率为 10%，外购配套件费为 5 万元，包装费率为 2%，利润率为 10%。用成本估算法计算该设备的利润值为（　　）万元。

A. 3.366　　B. 3.370

C. 3.376　　D. 3.876

【解析】 本题考核非标准设备的计算。计算过程：{[30×(1+10%)+5]×(1+2%)−5}×10% = 3.376（万元）。

8. **【2022 年真题】** 下列费用属于进口设备原价构成内容的有（　　）。

A. 设备在出口国国内发生的运费　　B. 设备的国际运输费用

C. 设备供销部门的手续费　　D. 设备验收、保管和收发发生的费用

E. 未达到固定资产标准的设备购置费

【解析】 进口设备的原价是指进口设备的抵岸价，即设备抵达买方边境、港口或车站，缴纳完各种手续费、税费后形成的价格。设备供销部门手续费、设备验收、保管和收发发生的费用属于设备运杂费，故 C、D 选项错误；未达到固定资产标准的设备购置费属于工器具及生产家具购置费，故 E 选项错误。

9. **【2019 年真题】** 采用成本计算估价法计算国产非标准设备的原价时，下列费用中，应作为利润计算基础的有（　　）。

A. 加工费　　B. 辅助材料费

C. 废品损失费　　D. 外购配套件费

E. 包装费

【解析】 本题考核非标准设备的计算。特别注意，利润的计算基数不含外购配套件费，计算公式为：单台非标准设备原价 = {[(材料费+加工费+辅助材料费)×(1+专用工具费率)×(1+废品损失费率)+外购配套件费]×(1+包装费率)−外购配套件费}×(1+利润率)+销项税额+非标准设备设计费+外购配套件费。

考点三、进口设备交易价格及原价的计算

10. **【2022 年补考真题】** 某批进口设备到岸价为 1000 万元，银行财务费、外贸手续费合计为 20 万元，关税税率为 20%，消费税税率为 10%，增值税税率为 13%。该批设备进口环节增值税为（　　）万元。

A. 171.60　　B. 172.38

C. 173.33　　D. 176.80

【解析】 计算过程：[1000×(1+20%)]÷(1−10%)×13%＝173.33（万元）。

11. **【2022 年真题】** 关于进口设备原价消费税的计算，下列计算方式正确的是（　　）。

A. 到岸价×消费税率　　B. （到岸价+关税）×消费税率

C. （到岸价+关税+消费税）×消费税率　　D. （到岸价+关税+增值税）×消费税率

【解析】

<table>
<tr><th colspan="3">费用名称</th><th>计算公式</th></tr>
<tr><td rowspan="9">抵岸价，即进口设备原价</td><td rowspan="3">到岸价</td><td>离岸价</td><td>即设备货价</td></tr>
<tr><td>国际运费</td><td>货价×运费率
或单位运价×重量</td></tr>
<tr><td>运输保险费</td><td>$\frac{货价+国际运费}{1-保险费率}$×保险费率</td></tr>
<tr><td rowspan="6">进口设备从属费</td><td>银行财务费</td><td>离岸价×银行财务费率</td></tr>
<tr><td>外贸手续费</td><td>到岸价×外贸手续费率</td></tr>
<tr><td>关税</td><td>到岸价×进口关税税率</td></tr>
<tr><td>消费税</td><td>$\frac{到岸价+关税}{1-消费税税率}$×消费税税率</td></tr>
<tr><td>进口环节增值税</td><td>（到岸价+关税+消费税）×增值税税率</td></tr>
<tr><td>车辆购置税</td><td>（到岸价+关税+消费税）×车辆购置税率</td></tr>
</table>

12. **【2021 年真题】** 计算设备进口环节增值税时，作为计算基数的计税价格为（　　）。

A. 到岸价+消费税　　B. 到岸价+关税

C. 运费在内价+消费税　　D. 到岸价+关税+消费税

【解析】 本题考核进口设备购置费的计算。消费税、进口环节增值税、车辆购置税的计算基数均为到岸价、关税与消费税之和，故 D 选项正确。

13. **【2020 年真题】** 某应纳消费税的进口设备到岸价为 1800 万元，关税税率为 20%，消费税税率为 10%，增值税税率为 16%，则该台设备进口环节增值税额为（　　）万元。

A. 316.80　　B. 345.60

C. 380.16　　D. 384.00

【解析】 本题考核进口设备购置费的计算。增值税计算基数为到岸价、关税、消费税三项费用之和。计算过程：1800×(1+20%)÷(1−10%)×16%＝384.00（万元）。

14. **【2019 年真题】** 关于设备原价的说法，正确的是（　　）。

A. 进口设备的原价是指其到岸价

B. 国产设备原价应通过查询相关交易价格或向生产厂家询价获得

C. 设备原价通常包备品备件费在内

D. 设备原价包括仓库保管支出

【解析】 本题考核设备购置费相关概念。设备原价应区分国产设备和进口设备，国产设备原价为出厂价，而进口设备原价为抵岸价，即离岸价、国际运费、运输保险费与进口从属费用之和，故 A 选项错误；国产设备原价一般根据生产厂家或供应商的询价、报价、合同价确定，故 B 选项错误；设备原价通常包括备品备件费在内，备品备件费指设备购置时随设备同时订货的首套备品备件所发生的费用，故 C 选项正确；D 选项错误，设备采购、运输、途中包装及仓库保管等方面支出费用属于设备运杂费。

15. **【2019 年真题】** 某进口设备人民币货价 400 万元，国际运费折合人民币 30 万元，国际运输保险费率为 0.3%，则该设备应计的运输保险费折合人民币（　　）万元。

A. 1.200　　B. 1.204

C. 1.290　　D. 1.294

【解析】 本题考核进口设备运输保险费的计算。特别注意，运输保险费的计算基数为到岸价（离岸价、国际运费、运输保险费三项费用之和），即运输保险费的计算基数包含运输保险费本身，计算公式为：$\frac{\text{原币货价(离岸价)}+\text{国际运费}}{1-\text{保险费率}}$×保险费率。计算过程：$\frac{400+30}{1-0.3\%}\times 0.3\%=1.294$（万元）。

16. **【2018 年真题】** 国际贸易双方约定费用划分与风险转移均以货物在装运港被装上指定船只时为分界点，该种交易价格被称为（　　）。

A. 离岸价　　B. 运费在内价

C. 到岸价　　D. 抵岸价

【解析】 本题考核进口设备费用划分与风险转移分界点。进口设备交易价格分为三种，即离岸价、运费在内价和到岸价。离岸价即设备货价，卖方负责将货物装上指定船只，但不负责支付运费；运费在内价指卖方负责支付货物运至买方指定目的港所需运费；到岸价指卖方不仅需要支付运费，还需要负责办理货物在运输途中所需最低险别的保险。而抵岸价不是进口设备交易价格，是货物到达买方港口缴纳完各种进口设备从属费的价格，即进口设备原价。进口设备无论采用哪种交易价格，风险都是从货物装上指定船只时开始由卖方转移到买方，故只有离岸价的费用划分与风险转移的分界点是一致的。

17. **【2017 年真题】** 关于进口设备到岸价的构成及计算，下列公式中正确的是（　　）。

A. 到岸价=离岸价+运输保险费　　B. 到岸价=离岸价+进口从属费

C. 到岸价=运费在内价+运输保险费　　D. 到岸价=运输在内价+进口从属费

【解析】 略。

18. **【2017 年真题】** 某进口设备到岸价为 1500 万元，银行财务费、外贸手续费合计 36 万元，关税 300 万元，消费税和增值税税率分别为 10%、17%，则该进口设备原价为（　　）万元。

A. 2386.8　　B. 2376.0

C. 2362.0　　D. 2352.6

【解析】 本题考核进口设备原价的计算。计算过程如下：

① 消费税=(1500+300)÷(1−10%)×10%=200.0（万元）；

② 增值税=(1500+300+200)×17%=340.0（万元）；

③ 进口设备原价=1500+36+300+200+340=2376.0（万元）。

19. **【2016 年真题】** 进口设备的原价是指进口设备的（　　）。

A. 到岸价　　B. 抵岸价

C. 离岸价　　D. 运费在内价

【解析】 抵岸价为进口设备原价。

20. **【2015 年真题】** 某批进口设备离岸价为 1000 万元人民币，国际运费为 100 万元人民币，运输保险费费率为 1%。该批设备到岸价为（　　）万元人民币。

A. 1100.00　　B. 1110.00

C. 1111.00　　D. 1111.11

【解析】 本题考核到岸价的计算。到岸价，也就是 CIF（离岸价、国际运费、国际运输保险费）。运输保险费 = (1000 + 100) × 1% ÷ (1 − 1%) = 11.11（万元），CIF = 1000 + 100 + 11.11 = 1111.11（万元）。

21. **【2018 年真题】** 构成进口设备原价的费用项目中，应以到岸价为计算基数的有（　　）。

A. 国际运费　　B. 进口环节增值税

C. 银行财务费　　D. 外贸手续费

E. 进口关税

【解析】 本题考核进口设备原价的计算基数。以离岸价为计算基数的有国际运费、银行财务费；以到岸价为计算基数的有运输保险费、外贸手续费及关税；另外，消费税、增值税、车辆购置税的计算基数为到岸价、关税及消费税之和，故 D、E 选项正确。

22. **【2017 年真题】** 计算设备进口环节增值税时，作为计算基数的计税价格包括（　　）。

A. 外贸手续费　　B. 到岸价

C. 设备运杂费　　D. 关税

E. 消费税

【解析】 略。

考点四、设备运杂费的构成和计算

23. **【2023 年真题】** 下列费用，应计入进口设备运杂费中的是（　　）。

A. 国际运费　　B. 国际运输保险费

C. 过境费　　D. 采购与仓库保管费

【解析】 设备运杂费的构成及计算：

界限	国内设备	自来源地→工地仓库或指定堆放地点
	进口设备	自到岸港→工地仓库或指定堆放地点

（续）

组成	运费和装卸费	国产设备由设备制造厂交货地点→工地仓库 进口设备由我国到岸港口或边境车站→工地仓库
	包装费	在设备原价中没有包含的，为运输而进行的包装支出的各种费用
	设备供销部门的手续费	—
	采购与仓库保管费	采购、验收、保管和收发设备所发生的各种费用，包括设备采购人员、保管人员和管理人员的工资、工资附加费、办公费、差旅交通费，设备供应部门办公和仓库所占固定资产使用费、工具用具使用费、劳动保护费、检验试验费等
计算	按设备原价乘以设备运杂费率计算，设备运杂费=设备原价×设备运杂费率	

24. **【2023 年真题】**关于设备及工器具购置费的构成，下列说法正确的有（　　）。

A. 国产设备原价中包含未达到固定资产标准的备品备件费

B. 设备运杂费包括从设备出厂到运至工地仓库发生的所有合理费用

C. 进口设备抵岸价是指设备抵达买方边境、港口或车站时的价格

D. 工器具及生产家具购置费包含生产、办公、生活家具购置费

E. 设备运杂费中包括设备供销部门的手续费

【解析】 B 选项错误，设备运杂费是指国内采购设备自来源地、国外采购设备自到岸港运至工地仓库或指定堆放地点发生的采购、运输、运输保险、保管、装卸等费用；C 选项错误，抵岸价即设备抵达买方边境、港口或车站，交纳完各种手续费、税费后形成的价格；D 选项错误，工器具及生产家具购置费，是指新建或扩建项目初步设计规定的，保证初期正常生产必须购置的没有达到固定资产标准的设备、仪器、工卡模具、器具、生产家具和备品备件等的购置费用。

25. **【2022 年补考真题】**关于设备购置费及其构成，下列说法正确的有（　　）。

A. 国产标准设备原价指设备出厂（场）价

B. 国产非标准设备原价包含外购配套件费

C. 进口设备从属费中包含增值税、银行财务费、外贸手续费

D. 进口设备抵岸价指抵达买方边境、港口或车站形成的价格

E. 进口设备运杂费指从设备来源地运至工地仓库止发生的运杂费

【解析】 本题考核较综合。A、B、C 选项正确；D 选项错误，抵岸价即设备抵达买方边境、港口或车站，交纳完各种手续费、税费后形成的价格，由进口设备到岸价（CIF）和进口从属费构成；E 选项错误，进口设备运杂费指自到岸港运至工地仓库或指定堆放地点发生的采购、运输、运输保险、保管、装卸等费用。

26. **【2020 年真题】**关于设备购置费中的设备原价，下列说法正确的有（　　）。

A. 包含随设备同时订购的首套备品备件费

B. 包括施工现场自制设备的制造费

C. 包括达到固定资产标准的办公家具购置费

D. 包括进口设备从来源地到买方边境的运输费

E. 包括设备采购、保管人员的工资费

【解析】 本题考核设备原价的组成和计算。设备原价要区分国产设备和进口设备：国产设备原价就是出厂价，进口设备原价指抵岸价。设备原价通常包含备品备件费在内，备品备件费指设备购置时随设备同时订货的首套备品备件所发生的费用；设备运杂费指除设备原价之外的关于设备采购、运输、途中包装及仓库保管等方面支出费用的总和。

27. **【2016 年真题】** 下列费用中应计入设备运杂费的有（　　）。

A. 设备保管人员的工资

B. 设备采购人员的工资

C. 设备自生产厂家运至工地仓库的运费、装卸费

D. 运输中的设备包装支出

E. 设备仓库所占用的固定资产使用费

【解析】 本题考核设备运杂费的内容。设备运杂费是指国内采购设备自来源地、国外采购设备自到岸港运至工地仓库或指定堆放地点发生的采购、运输、运输保险、保管、装卸等费用，通常包括运输和装卸费、包装费、设备供销部门的手续费、采购与仓库保管费。选项 C 错误，国产设备运杂费指由设备制造厂交货地点起至工地仓库（或施工组织设计指定的需要安装设备的堆放地点）止所发生的运费和装卸费；进口设备运杂费指由我国到岸港口或边境车站起至工地仓库（或施工组织设计指定的需安装设备的堆放地点）止所发生的运费和装卸费。A、B、E 选项属于采购与仓库保管费，D 选项属于包装费。

参考答案

1	2	3	4	5	6	7	8	9	10
A	BDE	C	B	C	A	C	AB	ABCE	C
11	12	13	14	15	16	17	18	19	20
C	D	D	C	D	A	C	B	B	D
21	22	23	24	25	26	27			
DE	BDE	D	AE	ABC	AD	ABDE			

【2025 考点预测】

1. 设备及工器具购置费用的构成。
2. 国产非标准设备原价的计算。
3. 进口设备交易价格的分类及双方风险、义务的划分。
4. 进口设备原价的计算。
5. 设备运杂费的组成及具体内容。

第三节　建筑安装工程费用的构成和计算

【考点分解】

考点一、按费用构成要素划分建筑安装工程费用项目构成和计算

考点二、按造价构成划分建筑安装工程费用项目构成和计算

考点三、国外建筑安装工程费用的构成

【真题实战】

考点一、按费用构成要素划分建筑安装工程费用项目构成和计算

1. **【2023 年真题】** 关于一般计税方法和简易计税方法的选择，下列说法正确的是（　　）。

A. 允许采用简易计税方法时，选择何种方法主要取决于可抵扣的进项税额

B. 计税方法一经选择，48 个月内不得变更

C. 同一时期承包人的不同项目只能选择相同的计税方法

D. 不允许发包人在招标合同条款中要求选择特定的计税方法

【解析】 建筑业增值税税务筹划：

合理选择计税方法	选择主体：归属于纳税人（承包人），满足简易计税适用范围情况时，承包人可以选择采用一般计税方法或简易计税方法，但一经选择，36 个月内不得变更（针对单个项目而不是所有项目）
	计税平衡点：假设某项目一般纳税人含税的合同总额为 10000 万元，预判的可抵扣进项税额为 X，工程分包的合同金额为 2000 万元，在不考虑各项附加税的条件下，则此项业务的无差别平衡点可抵扣进项税额为 $10000\times\frac{9\%}{1+9\%}-X=(10000-2000)\times\frac{3\%}{1+3\%}$ $X=593$（万元）
	纳税方案的成立需要得到交易双方的共同认可，尤其是在甲供方式下，承包人选择简易计税方法后，不仅可能影响发包人的实际税负，还可能造成建设项目整体税负的增加
可抵扣进项税额有效凭证的获取	抵扣凭证：增值税抵扣凭证是增值税专用发票（包括采用简易计税方法的供应商从税务机关代开的增值税专用发票）、海关进口增值税缴款书以及农产品收购发票
	增加可抵扣增值税进项税额的方法： ① 劳务费：采用劳务分包的方式，无论劳务分包公司采用一般计税或简易计税方法，合同额中的增值税都可以成为可抵扣增值税进项税额 ② 材料费 ③ 施工机具使用费：自购→购买时一次性抵扣，折旧无法抵扣；租赁→一般计税或简易计税方法可抵扣的进项税额会有所不同 ④ 企业管理费

2.【2022 年补考真题】下列费用中，属于安装工程费的是（　　）。

A. 施工临时用水、用电费　　B. 附属于被安装设备的防腐、保温工程费

C. 房屋建筑给排水工程费　　D. 天然气钻井工程费

【解析】 安装工程费的内容包括：①生产、动力、起重、运输、传动和医疗、实验等各种需要安装的机械设备的装配费用，与设备相连的工作台、梯子、栏杆等设施的工程费用，附属于被安装设备的管线敷设工程费用，以及被安装设备的绝缘、防腐、保温、油漆等工作的材料费和安装费；②为测定安装工程质量，对单台设备进行单机试运转、对系统设备进行系统联动无负荷试运转工作的调试费。

3.【2022 年真题】下列费用中，属于施工企业管理费中财务费的是（　　）。

A. 财务专用工具购置费　　B. 预付款担保

C. 审计费　　D. 财产保险费

【解析】 财务费指企业为施工生产筹集资金或提供预付款担保、履约担保、职工工资支付担保等所发生的各种费用，故 B 选项正确。

4.【2018 年真题】根据现行的建筑安装工程费用项目组成规定，下列关于施工企业管理费中工具用具使用费的说法正确的是（　　）。

A. 指企业管理使用，而非施工生产使用的工具用具使用费

B. 指企业施工生产使用，而非企业管理使用的工具用具使用费

C. 采用一般计税方法时，工具用具使用费中的增值税进项税额可以抵扣

D. 包括各类资产标准的工具用具的购置、维修和摊销费用

【解析】 本题考核工具用具使用费的定义，工具用具使用费是指企业施工生产和管理使用的不属于固定资产的工器具、家具、交通工具和检验、试验、测绘、消防用具等的购置、维修和摊销费。注意，工具用具使用费是在生产和管理过程中产生的，而且是不属于固定资产的部分；另外，一般计税方法下，工具用具的购置费用和维修费用的进项税是可以抵扣的。故 C 选项正确。

5.【2017 年真题】关于建筑安装工程费用中建筑业增值税的计算，下列说法中正确的是（　　）。

A. 当事人可以自主选择一般计税法或简易计税法计税

B. 一般计税法、简易计税法中的建筑业增值税税率均为 9%

C. 采用简易计税法时，税前造价不包含增值税的进项税额

D. 采用一般计税法时，税前造价不包含增值税的进项税额

【解析】 本题考核增值税的相关规定及计算方法。从应试角度主要有以下要点：①增值税的计税方式分为一般计税和简易计税，要掌握适用简易计税的几种情形，关键词为“清包甲供老小规”；②增值税销项税额的计算方式均以税前造价为基数，需要注意的是一般计税和简易计税下税前造价的区别：采用一般计税时，税前造价为不含增值税进项税价格，采用简易计税时，税前造价为含增值税进项税价格。

6.【2017 年真题】根据现行建筑安装工程费用项目组成的规定，下列费用项目中，属

于施工机具使用费的是（　　）。

A. 仪器仪表使用费　　B. 施工机械财产保险费

C. 大型机械进出场费　　D. 大型机械安拆费

【解析】 本题考核施工机具使用费内容。施工机具使用费含施工机械和仪器仪表的费用，包括使用费和租赁费。施工机械使用费由折旧费、检修费、维护费、安拆费及场外运费、人工费、燃料动力费和其他费用组成；仪器仪表使用费由折旧费、维护费、校验费和动力费组成。施工机械财产保险应列入企业管理费中；大型机械进出场费及安拆费属于措施项目费内容。故 A 选项正确。

7. **【2023 年真题】**在不增加施工成本的前提下，下列关于承包人增加增值税可抵扣进项税额的方法，正确的有（　　）。

A. 可采用劳务分包方式获取可抵扣进项税额

B. 材料的采购应在价格低廉和能取得增值税专用发票之间选择后者

C. 自购施工机具取得的可抵扣进项税额需一次性抵扣

D. 检验试验费中的增值税进项税额按 6%的适用税率扣减

E. 办公费中的增值税进项税额按 9%的适用税率扣减

【解析】 B 选项错误，有时材料采购部门可能会为了价格低廉而采购不取得增值税专用发票的材料，此时需要进行审慎选择，判断其与为了取得增值税专用发票而支付较高的采购价格哪种方案对承包人最为有利；E 选项错误，当采用一般计税方法时，办公费中增值税进项税额的扣除原则为：以购进货物适用的相应税率扣减，其中购进自来水、暖气、冷气、图书、报纸、杂志等适用的税率为 9%，接受邮政和基础电信服务等适用的税率为 9%，接受增值电信服务等适用的税率为 6%，其他一般为 13%。

8. **【2022 年真题】**下列保险、担保费用中，属于建筑安装工程费中企业管理费的有（　　）。

A. 工伤保险费　　B. 施工管理用车辆保险

C. 承包人办公费　　D. 履约担保费用

E. 国内运输保险费

【解析】 A 选项错误，工伤保险费属于人工费；B、C、D 选项正确，所述内容均属于企业管理费；E 选项错误，国内运输保险费属于设备运杂费。

9. **【2021 年真题】**根据我国现行建筑安装工程费用项目组成规定，下列施工企业发生的费用中，应计入企业管理费的有（　　）。

A. 工地转移费　　B. 工具用具使用费

C. 仪器仪表使用费　　D. 检验试验费

E. 材料采购与保管费

【解析】 本题考核施工单位企业管理费的构成。工地转移费属于企业管理费中的差旅交通费，工具用具使用费、检验试验费属于企业管理的组成内容，故 A、B、D 选项正确；仪器仪表使用费属于施工机具使用费，材料采购及保管费属于材料单价的组成部分，

故C、E选项错误。

10. **【2020年真题】** 下列费用中，属于建筑安装工程费中企业管理费的有（　　）。

A. 施工机械年保险费　　B. 工具用具使用费

C. 工伤保险费　　D. 财产保险费

E. 工程保险费

【解析】 本题考核企业管理费的组成和计算。施工机械保险费计入机械台班单价中，工伤保险属于人工费，工程保险列入建设工程其他费中。故B、D选项正确。

11. **【2019年真题】** 根据我国现行《建安工程造价计价方法》，下列情况可用简易计税方法的有（　　）。

A. 小规模纳税人发生的应税行为

B. 一般纳税人以清包工方式提供的建筑服务

C. 一般纳税人为甲供工程提供的建筑服务

D. 《施工许可证》注明的开工日期在2016年4月30日前

E. 实际开工日期在2016年4月30日前的建筑服务

【解析】 本题考核简易计税的适用情形，记忆技巧为“清包甲供老小规”，此处应注意以下内容：一是小规模纳税人包括年销售额未超过500万元和年销售额超过500万元但不经常发生应税行为两种情况；二是清包工、甲供工程、老项目三种情形对一般纳税人和小规模纳税人均适用，即该三种情况允许一般纳税人选择简易计税方式，并不是强制性的；另外，老项目的确定依据为开工日期，取得施工许可证的以施工许可证开工日期为准，未取得施工许可证的以合同注明的开工日期为准。故A、B、C、D选项正确。

12. **【2018年真题】** 按照费用构成要素划分的建筑安装工程费用项目组成规定，下列费用项目应列入材料费的有（　　）。

A. 周转材料的摊销、租赁费用

B. 材料运输损耗费用

C. 施工企业对材料进行一般鉴定、检查发生的费用

D. 材料运杂费中的增值税进项税额

E. 材料采购及保管费用

【解析】 本题考核材料费的概念及内容。材料费指工程施工过程中耗费的各种原材料、半成品、构配件、工程设备等费用及周转材料的摊销、租赁费用，具体包含材料原价、运杂费、运输损耗费、采购及保管费。特别注意，材料费不含施工企业对材料进行一般鉴定、检查所发生的费用，该项费用计入企业管理费；材料费中的损耗只是运输损耗，施工过程中的损耗计入材料消耗量当中。另外，材料费中是否含增值税进项税额，要区分简易计税和一般计税，采用简易计税时的材料费含增值税进项税额，而采用一般计税时则不含。故A、B、E选项正确。

13. **【2017年真题】** 根据现行建筑安装工程费用项目组成规定，下列费用项目中属于建筑安装工程企业管理费的有（　　）。

A. 仪器仪表使用费　　B. 工具用具使用费
C. 建筑安装工程一切险　　D. 地方教育附加费
E. 检验试验费

【解析】 本题考核建筑安装工程企业管理费的组成内容。仪器仪表使用费属于施工机具使用费，而建筑安装工程一切险属于建设单位的工程建设其他费。故B、D、E选项正确。另外，注意区分工伤保险和工程质量潜在缺陷险的归属问题，工伤保险属于人工费，工程质量潜在缺陷险与建筑安装工程一切险同属于工程建设其他费当中的工程保险费。

14. **【2016年真题】**根据我国现行建筑安装工程费用项目组成规定，下列施工企业发生的费用中，应计入企业管理费的有（　　）。

A. 建筑材料、构件一般性鉴定检查费　　B. 技术开发费
C. 工伤保险费　　D. 履约担保所发生的费用
E. 施工生产用仪器仪表使用费

【解析】 本题考核企业管理费的组成内容。工伤保险费属于人工费，仪器仪表使用费属于施工机具使用费。故A、B、D选项正确。

考点二、按造价构成划分建筑安装工程费用项目构成和计算

15. **【2015年真题】**根据我国现行建筑安装工程费项目组成的规定，下列费用中应计入暂列金额的是（　　）。

A. 施工过程中可能发生的工程变更及索赔、现场签证等费用
B. 应建设单位要求，完成建设项目之外的零星项目费用
C. 对建设单位自行采购的材料进行保管所发生的费用
D. 施工用电、用水的开办费

【解析】 本题考核其他项目费中暂列金额相关知识。考生要熟练掌握其他项目费的组成及各组成部分的作用。其他项目费由暂列金额、暂估价、计日工和总包服务费四项费用组成。

暂列金额是用于发包人在工程量清单中暂定并包括在合同总价中，用于招标时尚未确定或详细说明的工程、服务和工程实施中可能发生的合同价款调整等所预留的费用。

暂估价包括材料暂估价及专业工程暂估价，材料暂估价指发包人在工程量清单中提供的，用于支付设计图纸要求必须使用的材料，但在招标时暂不能确定其标准、规格、价格而在工程量清单中预估到达施工现场的不含增值税的材料价格；专业工程暂估价指发包人在工程量清单中提供的，在招标时暂不能确定工程具体要求及价格而预估的含增值税的专业工程费用。

计日工是承包人完成发包人提出的零星项目或工作，但不宜按合同约定的计量与计价规则进行计价，而应依据经发包人确认的实际消耗人工工日、材料数量、施工机具台班等，按合同约定的单价计价的一种方式。

总包服务费指按合同约定，承包人对发包人提供材料履行保管及其配套服务所需的费

用，和（或）承包人对合同范围的专业分包工程（承包人实施的除外）提供配合、协调、施工现场管理、已有临时设施使用、竣工资料汇总整理等服务所需的费用，以及（或）承包人对非合同范围的发包人直接发包的专业工程履行协调及配合责任所需的费用。总承包服务的相关管理、协调及配合责任等应在招标文件及合同中详细说明。

综上所述，A 选项正确，B 选项所述费用为计日工费用，C 选项所述费用为总承包服务费，D 选项所述费用为国外建筑安装工程费的组成部分。

16. **【2022 年补考真题】**下列费用中，应计入建筑安装工程分部分项工程费的有（　　）。

A. 施工人员夜班补助

B. 挖运机械的操作人员工资

C. 安全网铺设费用

D. 现场施工机械降噪费

E. 构成永久工程的机电设备购置费

【解析】 A 选项错误，施工人员夜班补助属于措施项目中的夜间施工增加；C 选项错误，安全网铺设费用属于措施项目费中的安全施工费；D 选项错误，现场施工机械降噪费属于措施项目费的环境保护费。

17. **【2015 年真题】**根据我国现行建筑安装工程费用项目组成的规定，下列人工费中能构成分部分项工程费的有（　　）。

A. 保管建筑材料人员的工资

B. 绑扎钢筋人员的工资

C. 操作施工机械人员的工资

D. 现场临时设施搭设人员的工资

E. 施工排水、降水作业人员的工资

【解析】 本题考核各类人员工资的归属，综合性较强。保管建筑材料人员的工资属于材料费中的采购保管费，绑扎钢筋人员工资属于人工费，操作机械人员工资属于施工机具使用费，上述三项费用均与工程项目实体相关，列入分部分项工程费，故 A、B、C 选项正确；现场临时设施搭设人员的工资、降排水作业人员工资属于措施项目费。

考点三、国外建筑安装工程费用的构成

18. **【2023 年真题】**下列国外建筑安装工程费的构成项目中，应计入管理费的是（　　）。

A. 现场保卫设施费　　　　B. 现场试验费

C. 工人现场福利费　　　　D. 保函手续费

【解析】 施工企业参加投标时，必须由银行开具投标保函；在中标后必须由银行开具履约保函；在收到业主的工程预付款以前，必须由银行开具预付款保函；在工程竣工后，必须由银行开具质量或维修保函。在开具以上保函时，银行要收取一定的担保费。上述费用属于保函手续费，该项费用为管理费中的业务经费。

19. **【2022 年补考真题】**关于国外建设工程造价构成中承包人总部管理费的计列，下列说法正确的是（　　）。

A. 直接计入与其相对应的分部分项工程单价中

B. 分摊进分部分项工程单价中

C. 在开办费中单独列项

D. 与各单项工程费用平行计列

【解析】 国外建设工程造价构成中承包人总部管理费属于各分部分项工程费用中的管理费，属于分摊进分部分项工程单价中的费用项目，故B选项正确。

20. **【2021年真题】**在国外建筑安装工程费中，现场材料试验及所需设备的费用包含在（ ）中。

A. 直接工程费　　B. 管理费

C. 开办费　　D. 其他摊销费

【解析】 本题考核国外建筑安装工程费用的构成。开办费的组成内容有：施工用水用电、工地清理费及完工后清理费、周转材料费、临时设施费、驻工地工程师的现场办公室及所需设备的费用、现场材料试验及所需设备的费用及其他费用。故C选项正确。

21. **【2020年真题】**根据国外建筑安装工程费的构成规定，工程施工中的周转材料费应包含在（ ）中。

A. 材料费　　B. 暂定金额

C. 开办费　　D. 其他摊销费

【解析】 本题考核国外建筑安装工程费的组成内容。国外建筑安装工程中的周转材料费应包含在单项工程开办费中。

22. **【2019年真题】**根据国外建筑安装工程费用的构成，施工工人的招雇解雇费用一般计入（ ）。

A. 直接工程费　　B. 现场管理费

C. 公司管理费　　D. 开办费

【解析】 本题考核国外建筑安装工程费的构成。国外工程中，直接费包括人工费、材料费和施工机械费，人工费含招雇解雇费，材料费含预涨费。故A选项正确。

23. **【2018年真题】**按照国外建筑安装工程费用构成惯例，关于其直接工程费中的人工费，下列说法正确的是（ ）。

A. 工人按技术等级划分为技工、普工和壮工

B. 平均工资应按各类工人工资的算术平均值计算

C. 包括工资、加班费、津贴、招雇解雇费

D. 包括工资、加班费和代理人费用

【解析】 本题考核国外建筑安装工程费中的人工费的相关知识点。A选项错误，工人按技术要求划分为高级技工、熟练工、半熟练工和壮工；B选项错误，平均工资应按各类工人总数的比例进行加权平均，而不是算术平均；C选项正确；D选项错误，代理人的费用属于直接工程费当中的管理费，并不包含在人工费内。

24. **【2017年真题】**下列费用项目中，包含在国外建筑安装工程材料费中的是（ ）。

A. 单独列项的增值税

B. 材料价格预涨费

C. 周转材料摊销费

D. 各种现场用水、用电费

【解析】 本题考核国外建筑安装工程费用的构成。材料费主要包括材料原价、运杂费、税金、运输损耗及采购保管费及材料预涨费。增值税是我国的税种，应首先排除；周转材料摊销费及现场用水、用电费用属于单项工程开办费。故 B 选项正确。

25. 【2016 年真题】关于国外建筑安装工程费用的计算，下列说法中正确的是（　　）。

A. 分包工程费不包括分包工程的管理费和利润

B. 材料的预涨费计入管理费

C. 开办费一般包括了工地清理费及完工后清理费

D. 现场管理费属于开办费

【解析】 本题考核国外建筑安装工程费的构成。分包工程费包括各分包工程费及总包利润；材料的预涨费计入直接工程费的材料费；现场管理费属于分部分项工程费用当中的管理费，故只有 C 选项正确。

26. 【2018 年真题】关于国外建筑安装工程费用中的开办费，下列说法正确的有（　　）。

A. 开办费项目可以按单项工程分别单独列出

B. 单项工程建筑安装工程量越大，开办费在工程价格中的比例越大

C. 开办费包括的内容因国家和工程的不同而异

D. 开办费项目可以采用分摊进单价的方式报价

E. 第三者责任险投保费一般应作为开办费的构成内容

【解析】 本题考核开办费相关知识点。开办费一般是在各分部分项工程造价的前面按单项工程分别列出，但并不是绝对的，需要根据招标文件和计算规则确定，有时也分摊进单价；开办费的内容因国家和工程的不同而异，但与单项工程建筑安装工程量的关系是确定的，即工程量越大，开办费在工程价格中的比例越小。第三者责任险并不在开办费中列支，属于施工机械第三者责任险的，在施工机械费中列支，属于其他第三者责任险的，在管理费中列支。故 A、C、D 选项正确。

27. 【2017 年真题】国外建筑安装工程费用中的开办费一般包括（　　）等。

A. 工地清理费　　B. 现场管理费

C. 材料预涨费　　D. 周转材料费

E. 暂定金额

【解析】 本题考核国外建筑安装工程费用中的开办费，包括施工用电、用水、机具费，清理费，周转材料摊销费，临时设施摊销费，驻工地工程师办公费，现场试验费以及其他开办费。现场管理费属于各分部分项工程费用，材料预涨费属于各分部分项工程费用中的材料费。暂定金额属于与各单项工程并列的费用。故 A、D 选项正确。

参考答案

1	2	3	4	5	6	7	8	9	10
A	B	B	C	D	A	ACD	BCD	ABD	BD
11	12	13	14	15	16	17	18	19	20
ABCD	ABE	BDE	ABD	A	BE	ABC	D	B	C
21	22	23	24	25	26	27			
C	A	C	B	C	ACD	AD			

【2025 考点预测】

1. 建筑工程费和安装工程费的组成内容。
2. 材料费的组成内容。
3. 企业管理费的组成内容。
4. 增值税的计算方法及具体规定。
5. 措施项目费的组成内容。
6. 其他项目费的分类及各组成部分的作用。
7. 国外建筑安装工程费的构成及各组成部分内容。

第四节　工程建设其他费用的构成和计算

【考点分解】

考点一、项目建设管理费
考点二、用地与工程准备费
考点三、工程咨询服务费
考点四、建设期计列的生产经营费

【真题实战】

考点一、项目建设管理费

1. **【2023 年真题】** 下列关于项目建设管理费的说法中，正确的是（　　）。
A. 是指建设单位从项目筹建之日起至通过竣工验收之日止发生的管理性支出
B. 按照工程费用和用地与工程准备费之和乘以项目建设管理费率计算
C. 代建管理费和项目建设管理费之和不得高于项目建设管理费限额
D. 不得用于委托咨询机构进行施工项目管理发生的施工项目管理费支出

【解析】

定义及组成	项目建设管理费是指从项目筹建之日起至办理竣工财务决算之日止发生的管理性质的支出，包括工作人员薪酬及相关费用、办公费、办公场地租用费、差旅交通费、劳动保护费、工具用具使用费、固定资产使用费、招募生产工人费、技术图书资料费（含软件）、业务招待费、竣工验收费和其他管理性质开支
计算	建设单位管理费=工程费用×建设单位管理费费率
注意	实行代建制管理的项目，计列代建管理费等同建设单位管理费，不得同时计列建设单位管理费，确需同时发生的，两项费用之和不得高于项目建设管理费限额 建设单位委托咨询机构进行施工项目管理服务会发生施工项目管理费。施工项目管理费从项目建设管理费中列支 委托咨询机构行使部分管理职能的，支付的管理费或咨询费列入工程咨询服务费项目

2. **【2019 年真题】**根据我国现行建设项目总投资及工程造价的构成，下列有关建设项目费用开支，应列入项目建设管理费是（　　）。

A. 监理费　　B. 竣工验收费

C. 可行性研究费　　D. 节能评估费

【解析】 本题考核工程建设其他费相关内容及归属。项目建设管理费是指项目建设单位从项目筹建之日起至办理竣工财务决算之日止发生的管理性质的支出，包括工作人员薪酬及相关费用、办公费、办公场地租用费、差旅交通费、劳动保护费、工具用具使用费、固定资产使用费、招募生产工人费、技术图书资料费（含软件）、业务招待费、竣工验收费和其他管理性质开支，故 B 选项正确。监理费及可行性研究费属于工程咨询服务费，节能评估费属于工程咨询服务费当中的专项评价费。

3. **【2018 年真题改编】**下列与项目建设有关的其他费用中，属于项目建设管理费的有（　　）。

A. 竣工验收费　　B. 业务招待费

C. 工程监理费　　D. 场地准备费

E. 招募生产工人费

【解析】 略。

考点二、用地与工程准备费

4. **【2022 年真题】**关于建设单位以出让或转让方式取得国有土地使用权涉及的相关税费，下列说法正确的是（　　）。

A. 应向农村集体经济组织支付地上附着物补偿费

B. 应向土地受让者征收契税

C. 应向土地受让者征收土地增值税

D. 土地使用者按规定的标准一次性缴纳土地使用费

【解析】 A 选项错误，地上附着物补偿费针对的是农村集体土地，而不是城镇规划区内国有土地；B 选项正确，有偿出让和转让土地使用权，要向土地受让者征收契税；C 选项错误，转让土地如有增值，要向转让者征收土地增值税；D 选项错误，土地使用者每年应按规定的标准缴纳土地使用费。

5. **【2018 年真题】**建设单位通过市场机制取得建设用地，不仅应承担征地补偿费用、拆迁补偿费用，还须向土地所有者支付（　　）。

A. 安置补助费

B. 土地出让金

C. 青苗补偿费

D. 压覆矿产资源补偿费

【解析】 本题考核土地使用费和补偿费的相关内容。建设用地获得方式主要包括出让和划拨，通过划拨方式取得的，需要支付征地补偿费或拆迁补偿费，通过出让方式取得的，除支付上述费用外，还需要支付土地出让金。征地补偿费针对的是农村集体土地，拆迁补偿费针对的是城市规划区国有土地上的房屋拆迁。故 B 选项正确。

6. **【2018 年真题】**关于建设项目场地准备和建设单位临时设施费的计算，下列说法正确的是（　　）。

A. 改扩建项目一般应计工程费用和拆除清理费

B. 凡可回收材料的拆除工程应采用以料抵工方式冲抵拆除清理费

C. 新建项目应根据实际工程量计算，不按工程费用的比例计算

D. 新建项目应按工程费用比例计算，不根据实际工程量计算

【解析】 本题考核场地准备及临时设施费。A 选项错误，改扩建项目只计拆除清理费；B 选项正确；C、D 选项错误，新建工程的场地准备及临时设施费可以根据实际工程量计算，也可以按工程费用比例计算。

7. **【2016 年真题】**下列与建设用地有关的费用中，归农村集体经济组织所有的是（　　）。

A. 土地补偿费　　B. 青苗补偿费

C. 拆迁补偿费　　D. 安置补助费

【解析】 本题考核建设用地费相关知识。土地补偿费是对农村集体经济组织因土地被征用而造成的经济损失的一种补偿。土地补偿费归农村集体经济组织所有；青苗补偿费谁种归谁所有，农民自行承包的土地应付给本人，属于集体种植的纳入当年集体收益。安置补助费应支付给被征地单位和安置劳动力的单位，作为劳动力安置与培训的支出，以及不能就业人员的生活补助。故 A 选项正确。

8. **【2022 年补考真题】**关于工程建设其他费中场地准备及临时设施费的构成，下列说法正确的有（　　）。

A. 建设场地的大型土石方工程费

B. 施工单位为施工而进行的场地平整费

C. 建设单位为达到开工条件而进行的场地平整费

D. 建设单位为施工建设而发生的货场、码头租赁费

E. 征地过程中发生的地上公共设施拆除费

【解析】 场地准备及临时设施费的定义及计算如下：

定义	建设项目场地准备费	为使工程项目的建设场地达到开工条件，由建设单位组织进行的场地平整和地上余留设施拆除清理等准备工作而发生的费用
	建设单位临时设施费	建设单位为满足施工建设需要而提供的未列入工程费用的临时水、电、路、信、气、热等工程和临时仓库等建（构）筑物的建设、维修、拆除、摊销费用或租赁费用，以及货场、码头租赁等费用
计算	场地准备及临时设施应尽量与永久性工程统一考虑。建设场地的大型土石方工程应计入工程费用中的总图运输费用中	
	新建项目的场地准备和临时设施费应根据实际工程量估算，或按工程费用的比例计算。改扩建项目一般只计拆除清理费	
	发生拆除清理费时，可按新建同类工程造价或主材费、设备费的比例计算。凡可回收材料的拆除工程，采用以料抵工方式冲抵拆除清理费	
	此项费用不包括已列入建筑安装工程费用中的施工单位临时设施费用	

9. **【2020 年真题】** 下列费用中，应计入工程建设其他费用中用地与工程准备费的有（　　）。

A. 建设场地大型土石方工程费　　B. 土地使用费和补偿费

C. 场地准备费　　D. 建设单位临时设施费

E. 施工单位平整场地费

【解析】 略。

10. **【2019 年真题】** 下列项目费用项目，属于征地补偿费的有（　　）。

A. 拆迁补偿金　　B. 安置补偿费

C. 地上附着物补偿费　　D. 迁移补偿费

E. 耕地开垦费

【解析】 本题考核征地补偿费的组成内容。征地补偿费的征收对象是农村集体经济组织的土地，包含土地补偿费、青苗补偿和地上附着物补偿费、安置补助费、耕地开垦费和森林植被恢复费、生态补偿与压覆矿产资源补偿费、其他补偿费六项费用，建议考生熟练掌握；拆迁补偿费的征收对象是城市规划区内的国有土地的房屋，包括拆迁补偿费和迁移补偿费。故 B、C、E 选项正确。

11. **【2017 年真题改编】** 下列建设用地取得费用中，属于征地补偿费的有（　　）。

A. 土地补偿费　　B. 安置补助费

C. 迁移补偿费　　D. 森林植被恢复费

E. 土地转让金

【解析】 略。

考点三、工程咨询服务费

12. **【2022 年真题】** 下列建设项目实施过程中发生的工程咨询服务费，属于专项评价费的是（　　）。

A. 可行性研究费　　B. 节能评估费

C. 设计评审费　　　　D. 技术经济标准使用费

【解析】

定义及组成	工程咨询服务费是指建设单位在项目建设全过程中委托咨询机构提供经济、技术、法律等服务所需的费用。工程咨询服务费包括可行性研究费、专项评价费、勘察设计费、监理费、研究试验费、特殊设备安全监督检验费、招标代理费、设计评审费、技术经济标准使用费、工程造价咨询费、竣工图编制费、BIM 技术服务费及其他咨询费
可行性研究费	包括项目建议书、预可行性研究、可行性研究费等
专项评价费	包括①环境影响评价费；②安全预评价费；③职业病危害预评价费；④地质灾害危险性评价费；⑤水土保持评价费；⑥压覆矿产资源评价费；⑦节能评估费；⑧危险与可操作性分析及安全完整性评价费；⑨其他专项评价费
勘察设计费	包括勘察费和设计费。设计费是指设计人根据发包人的委托，提供编制建设项目初步设计文件、施工图设计文件、非标准设备设计文件等服务所收取的费用
研究试验费	为建设项目提供或验证设计参数、数据、资料等进行必要的研究试验，以及设计规定在建设过程中必须进行试验、验证所需的费用，包括自行或委托其他部门的专题研究、试验所需人工费、材料费、试验设备及仪器使用费等
	在计算时要注意不应包括以下项目： ① 应由科技三项费用（即新产品试制费、中间试验费和重要科学研究补助费）开支的项目 ② 应在建筑安装费用中列支的施工企业对建筑材料、构件和建筑物进行一般鉴定、检查所发生的费用及技术革新的研究试验费 ③ 应从勘察设计费或工程费用中开支的项目

13. **【2021 年真题】** 下列费用项目中，应在研究试验费中列支的是（　　）。

A. 新产品试验费、中间试验费和重要科学研究补助费

B. 施工企业对建筑材料、构件和建筑物进行一般鉴定、检查所发生的费用及技术革新的研究试验费

C. 勘察设计费或工程费用开支的项目

D. 为建设项目提供和验证设计数据、资料等进行试验及验证的费用

【解析】 本题考核研究试验费的组成内容。研究试验费是指为建设项目提供或验证设计参数、数据、资料等进行必要的研究试验，以及设计规定在建设过程中必须进行试验、验证所需的费用。但不包括下列费用：①应由科技三项费用（即新产品试制费、中间试验费和重要科学研究补助费）开支的项目；②应在建筑安装费用中列支的施工企业对建筑材料、构件和建筑物进行一般鉴定、检查所发生的费用及技术革新的研究试验费；③应从勘察设计费或工程费用中开支的项目。故 D 选项正确。

14. **【2020 年真题】** 下列费用中，计入工程咨询服务费中勘察设计费的是（　　）。

A. 设计评审费　　　　B. 技术经济标准使用费

C. 技术革新研究试验费　　　　D. 非标准设备设计文件编制费

【解析】 本题考核勘察设计费的组成内容。勘察设计费包括勘察费和设计费。设计费是指设计人根据发包人的委托，提供编制建设项目初步设计文件、施工图设计文件、非标准设备设计文件等服务所收取的费用。故 D 选项正确。

15. 【2021 年真题】下列费用中，计入工程咨询服务费的有（　　）。

A. 勘察设计费　　B. 职业病危害预防评价费

C. 监理费　　D. 技术经济标准使用费

E. 专用技术使用费

【解析】 略。

16. 【2015 年真题】下列费用项目中，应在研究试验费中列支的是（　　）。

A. 为验证设计数据而进行必要的研究试验所需的费用

B. 新产品试验费

C. 施工企业技术革新的研究试验费

D. 设计模型制作费

【解析】 略。

17. 【2022 年真题】下列费用中，应在研究试验费中列出的有（　　）。

A. 对进场材料、构件进行一般性鉴定检查的费用

B. 设计规定在建设过程中必须进行试验验证费用

C. 科技三项费用

D. 特殊设备安全监督检验费

E. 为验证设计数据而进行必要的研究试验费用

【解析】 略。

考点四、建设期计列的生产经营费

18. 【2022 年补考真题】下列费用中，应计入建设期计列的生产经营费中的是（　　）。

A. 建设期使用的办公家具购置费

B. 建设单位工具用具使用费

C. 建设期取得特许经营权的费用

D. 交付生产前调试及试车费用

【解析】

专利及专有技术使用费	
定义	专利及专有技术使用费是指在建设期内为取得专利、专有技术、商标权、商誉、特许经营权等发生的费用
注意	项目投资中只计需在建设期支付的专利及专有技术使用费。协议或合同规定在生产期支付的使用费应在生产成本中核算
联合试运转费	
定义	联合试运转费是指对整个生产线或装置进行负荷联合试运转所发生的费用净支出
内容	包括试运转所需原材料、燃料及动力消耗、低值易耗品、其他物料消耗、工具用具使用费、机械使用费、联合试运转人员工资、施工单位参加试运转人员工资、专家指导费，以及必要的工业炉烘炉费等
注意	不包括应由设备安装工程费用开支的调试及试车费用，以及在试运转中暴露出来的因施工原因或设备缺陷等发生的处理费用

（续）

生产准备费	
定义	建设单位为保证项目正常生产所做的提前准备工作发生的费用
内容	包括人员培训、提前进场费，以及投产使用必备的办公、生活家具用具及工器具等的购置费用

19. **【2019年真题】**根据我国现行建设项目总投资及工程造价的构成，联合试运转费应包括（　　）。

A. 施工单位参加联合试运转人员的工资

B. 设备安装中的试车费用

C. 试运转中暴露的设备缺陷的处理费

D. 生产人员的提前进场费

【解析】 略。

20. **【2017年真题】**下列费用项目中，属于联合试运转费中试运转支出的是（　　）。

A. 施工单位参加试运转人员的工资

B. 单台设备的单机试运转费

C. 试运转中暴露出来的施工缺陷处理费用

D. 试运转中暴露出来的设备缺陷处理费用

【解析】 略。

21. **【2015年真题】**关于联合试运转费，下列说法中正确的是（　　）。

A. 包括对整个生产线或装置运行无负荷和有负荷试运转所发生的费用

B. 包括施工单位参加试运营人员的工资以及专家指导费

C. 包括试运转中暴露的因设备缺陷发生的处理费用

D. 包括对单台设备进行单机试运转工作的调试费

【解析】 略。

22. **【2023年真题】**关于工程建设其他费的内容，下列说法正确的有（　　）。

A. 研究试验费中包含施工企业技术革新的研究试验费

B. 配套设施费包括城市基础设施配套费和人防易地建设费

C. 工程咨询服务费中包含专有技术使用费

D. 联合试运转费不包含应由设备安装工程费开支的调试及试车费用

E. 生产准备费包含保证初期正常生产必需的办公、生活家具用具购置费

【解析】 A选项错误，研究试验费不应包括应在建筑安装费用中列支的施工企业对建筑材料、构件和建筑物进行一般鉴定、检查所发生的费用及技术革新的研究试验费；C选项错误，专有技术使用费属于专利及专有技术使用费。

参考答案

1	2	3	4	5	6	7	8	9	10
C	B	ABE	B	B	B	A	CD	BCD	BCE

（续）

11	12	13	14	15	16	17	18	19	20
ABD	B	D	D	ABCD	A	BE	C	A	A
21	22								
B	BDE								

【2025 考点预测】

1. 项目建设管理费的组成内容。
2. 土地使用费和补偿费的内容及具体规定。
3. 场地准备及临时设施费计算注意事项。
4. 工程咨询服务费内容及研究试验费内容。
5. 联合试运转费及生产准备费内容。

第五节　预备费和建设期利息的计算

【考点分解】

考点一、预备费

考点二、建设期利息

【真题实战】

考点一、预备费

1. **【2023 年真题】**某建设项目静态投资计划额为 10000 万元，建设前期年限为 1 年，建设期为 2 年，分别完成投资的 40%、60%。若年均投资价格上涨率为 4%，则该项目建设期间价差预备费为（　　）万元。

A. 442.79　　B. 649.60

C. 860.50　　D. 1075.58

【解析】 本题考核基本预备费的计算。①$4000\times[(1+4\%)^{1.5}-1]=242.38$（万元）；②$6000\times[(1+4\%)^{2.5}-1]=618.12$（万元）；$242.38+618.12=860.50$（万元）。

2. **【2022 年补考真题】**某建设项目工程费用为 8000 万元，工程建设其他费为 1500 万元，基本预备费为 500 万元。项目建设前期年限为 0.5 年，建设期为 2 年，各年完成投资的 50%。若年均投资价格上涨率为 4%，则该项目建设期价差预备费为（　　）万元。

A. 404.0　　B. 577.6

C. 608.0　　D. 818.1

【解析】 本题考核基本预备费的计算。计算过程：①$(8000+1500+500)\times50\%\times[(1+$

$4\%)^1-1]=200.0$（万元）；②$(8000+1500+500)\times50\%\times[(1+4\%)^2-1]=408.0$（万元）；③$200.0+408.0=608.0$（万元）。

3. **【2022年真题】**某建设工程的静态投资为8000万元，其中基本预备费率为5%，工程建设前期的年限为0.5年，建设期为2年，计划每年完成投资的50%。若平均投资价格上涨率为5%，则该项目建设期价差预备费为（　　）万元。

A. 610.00　　B. 640.50

C. 822.63　　D. 863.76

【解析】 本题考核基本预备费的计算。计算过程：$8000\times50\%\times[(1+5\%)^1-1]=200.00$（万元），$8000\times50\%\times[(1+5\%)^2-1]=410.00$（万元）；合计：$200.00+410.00=610.00$（万元）。

4. **【2021年真题】**某新建项目投资估算中的建筑安装工程费、设备及工器具购置费、工程建设其他费分别为30000万元、20000万元、10000万元。若基本预备费率5%，则基本预备费为（　　）万元。

A. 1500　　B. 2000

C. 2500　　D. 3000

【解析】 本题考核基本预备费的计算。计算过程：$(30000+20000+10000)\times5\%=3000$（万元）。

5. **【2020年真题】**下列费用中属于基本预备费支出范围的是（　　）。

A. 超规超限设备运输增加费　　B. 人工、材料、施工机具的价差费

C. 建设期内利率调整增加费　　D. 风险准备金

【解析】 本题考核基本预备费的作用。基本预备费是指投资估算或工程概算阶段预留的，由于工程实施中不可预见的工程变更及洽商、一般自然灾害处理、地下障碍物处理、超规超限设备运输等可能增加的费用，亦可称为工程建设不可预见费。故A选项正确。

6. **【2019年真题】**根据我国现行建设项目总投资及工程造价的构成，在工程概算阶段考虑的对一般自然灾害处理的费用，应包含在（　　）内。

A. 项目基本建设成本　　B. 工程建设不可预见费

C. 暂列金额　　D. 项目相关建设成本

【解析】 本题考核基本预备费的内容。基本预备费是指投资估算或工程概算阶段预留的，由于工程实施中不可预见的工程变更及洽商、一般自然灾害、地下障碍物的处理、超规超限设备运输等可能增加的费用，亦可称为工程建设不可预见费，故B选项正确。注意与价差预备费的区别，价差预备费是指建设期内因利率、汇率等价格因素的变化而预留的可能增加的费用。

7. **【2018年真题】**某建设项目工程费用5000万元，工程建设其他费用1000万元。基本预备费率为8%，年均投资价格上涨率5%，建设期两年，计划每年完成投资50%，则该项目建设期第二年价差预备费应为（　　）万元。

A. 160.02　　B. 227.79

C. 246.01　　D. 326.02

【解析】 计算过程：$(5000+1000)\times50\%\times(1+8\%)\times[(1+5\%)^{1.5}-1]=246.01$（万元）。

8. **【2018年真题】**某建设项目静态投资20000万元，项目建设前期年限为1年，建设期为2年，计划每年完成投资50%，年均投资价格上涨率为5%，该项目建设期价差预备费为（　　）万元。

A. 1006.25　　B. 1525.00

C. 2056.56　　D. 2601.25

【解析】 计算过程：①$10000\times[(1+5\%)^{1.5}-1]=759.30$（万元）；②$10000\times[(1+5\%)^{2.5}-1]=1297.26$（万元）；合计：$759.30+1297.26=2056.56$（万元）。

9. **【2016年真题】**某建设项目静态投资为10000万元，项目建设前期年限为1年，建设期为2年，第一年完成投资40%，第二年完成投资60%。在年平均价格上涨率为6%的情况下，该项目价差预备费应为（　　）万元。

A. 666.3　　B. 981.6

C. 1306.2　　D. 1640.5

【解析】 计算过程：$10000\times40\%\times[(1+6\%)^{1.5}-1]+10000\times60\%\times[(1+6\%)^{2.5}-1]=1306.2$（万元）。

考点二、建设期利息

10. **【2023年真题】**关于建设期贷款利息计算公式 $q_j=P_{j-1}+(1/2A_j)i$ 的应用，下列说法正确的是（　　）。

A. 仅适用于贷款在年中一次性发放的情况

B. P_{j-1}为建设期第（$j-1$）年末累计贷款本金

C. A_j为建设期第j年贷款金额和利息之和

D. 利用国外贷款的年利率i中应综合考虑贷款手续费、承诺费等

【解析】 A选项错误，在总贷款分年均衡发放前提下，可按当年借款在年中支用考虑，即当年借款按半年计息；B选项错误，P_{j-1}为建设期第（$j-1$）年末累计贷款本金和利息之和；C选项错误，A_j为建设期第j年贷款金额；D选项正确。

11. **【2022年补考真题】**某建设项目建设期为2年，分别于每年年初从银行获得贷款3000万元和2000万元，贷款年利率为10%，建设期只计息不付息，则该项目建设期贷款利息为（　　）万元。

A. 500　　B. 565

C. 720　　D. 830

【解析】 本题考核建设期利息的计算。计算过程：①$3000\times10\%=300$（万元）；②$(3000+300+2000)\times10\%=530$（万元）；③$300+530=830$（万元）。

12. **【2022年真题】**某建设项目贷款总额为3000万元，贷款年利率为10%。项目建设前期年限为1年。建设期为两年，其中第一、二年的贷款比例分别为60%和40%。贷款在年内均衡发放，建设期内只计息不付息，则该项目建设期利息为（　　）万元。

A. 300.00　　B. 339.00

C. 498.00　　　　D. 599.51

【解析】 本题考核建设期利息的计算。计算过程：①(3000/2×60%)×10%＝90（万元）；②(3000×60%+90+3000/2×40%)×10%＝249（万元）；合计：90+249＝339（万元）。

13. 【2020 年真题】新建项目建设期 2 年，分年度均衡贷款，两年分别贷款 2000 万元和 3000 万元，贷款年利率 10%，建设期内只计息不支付，则建设期贷款利息为（　　）万元。

A. 455　　　　B. 460

C. 720　　　　D. 830

【解析】 本题考核建设期利息的计算。计算过程：①2000/2×10%＝100（万元）；②(2000+100+3000/2)×10%＝360（万元）；③100+360＝460（万元）。

14. 【2019 年真题】某建设项目，建设期为 2 年，分年均衡进行贷款，第一年贷款 2000 万元，第二年贷款 3000 万元。在建设期内贷款利息只计息不支付，年利率为 10%的情况下，该项目应计建设期贷款利息（　　）万元。

A. 360.0　　　　B. 460.0

C. 520.0　　　　D. 700.0

【解析】 本题考核建设期利息计算。计算过程：①2000÷2×10%＝100.0（万元）；②(2000+100+3000÷2)×10%＝360.0（万元）；建设期贷款利息：100.0+360.0＝460.0（万元）。

15. 【2018 年真题】关于建设期利息计算公式 $q_j=(P_{j-1}+1/2A_j)i$ 的应用，下列说法正确的是（　　）。

A. 按总贷款在建设期内均衡发放考虑

B. P_{j-1}为第（$j-1$）年年初累计贷款本金和利息之和

C. 按贷款在年中发放和支用考虑

D. 按建设期内支付贷款利息考虑

【解析】 略。

16. 【2018 年真题】某项目建设期为 2 年，第一年贷款 4000 万元，第二年贷款 2000 万元，贷款年利率 10%，贷款在年内均衡发放，建设期内只计息不付息。该项目第二年的建设期利息为（　　）万元。

A. 200　　　　B. 500

C. 520　　　　D. 600

【解析】 计算过程：①4000/2×10%＝200（万元）；②(4000+200+2000/2)×10%＝520（万元）。

17. 【2016 年真题】某项目建设期为 2 年，第一年贷款 3000 万元，第二年贷款 2000 万元，贷款年内均衡发放，年利率为 8%，建设期内只计息不付息。该项目建设期利息为（　　）万元。

A. 366.4　　　　B. 449.6

C. 572.8　　　　D. 659.2

【解析】 计算过程：①3000÷2×8%=120.0（万元）；（3000+120+2000÷2）×8%=329.6（万元）；合计：120.0+329.6=449.6（万元）。

18.【2015】某建设项目建筑安装工程费为6000万元，设备购置费为1000万元，工程建设其他费用为2000万元，建设期利息为500万元，若基本预备费率为5%，则该建设项目的基本预备费为（　　）万元。

A. 350　　B. 400

C. 450　　D. 475

【解析】 计算过程：（1000+6000+2000）×5%=450（万元）。

参考答案

1	2	3	4	5	6	7	8	9	10
C	C	A	D	A	B	C	C	C	D
11	12	13	14	15	16	17	18		
D	B	B	B	C	C	B	C		

【2025考点预测】

1. 基本预备费的概念、作用及计算。
2. 价差预备费的作用及计算。
3. 建设期利息的内容及计算。

第二章　建设工程计价原理、方法及计价依据

第一节　工程计价原理

【考点分解】

考点一、工程计价基本原理

考点二、工程计价基本程序

考点三、工程定额体系

【真题实战】

考点一、工程计价基本原理

1. **【2023 年真题】**《建设工程工程量清单计价标准》所指的综合单价属于（　　）。

A. 工料单价

B. 成本单价

C. 全费用综合单价

D. 不完全综合单价

【解析】 我国现行的《建设工程工程量清单计价标准》中规定的清单综合单价属于不完全综合单价（税前综合单价），当把税金计入不完全综合单价后即形成完全综合单价。

2. **【2021 年真题】**《工程造价术语标准》属于工程造价管理标准中的（　　）。

A. 基础标准

B. 管理标准

C. 操作规程

D. 质量管理标准

【解析】 本题考核工程计价依据。基础标准包括《工程造价术语标准》《建设工程计价设备材料划分标准》等，故 A 选项正确。

3. **【2020 年真题】** 关于工程量清单计价，下列计算式正确的是（　　）。

A. 分部分项工程费 = ∑分部分项工程量×分部分项工程工料单价

B. 措施项目费 = ∑措施项目工程量×措施项目工料单价

C. 其他项目费=暂列金额+暂估价+计日工+总承包服务费

D. 单项工程造价=分部分项工程费+措施项目费+税金

【解析】 本题考核工程量清单计价的组价过程。A 选项错误，分部分项工程费=∑(分部分项工程量×相应分部分项工程综合单价)；B 选项错误，措施项目费=∑各措施项目费；C 选项正确；D 选项错误，单位工程造价=分部分项工程费+措施项目费+其他项目费+税金，单项工程造价=∑单位工程造价。

4. **【2019 年真题】**关于工程量清单计价，下列表达式正确的是（　　）。

A. 分部分项工程费=∑(分部分项工程量×相应分部分项的工料单价)

B. 措施项目费=∑(措施项目工程量×相应的工料单价)

C. 其他项目费=暂列金额+材料暂估价+计日工+总承包服务费

D. 单位工程造价=分部分项工程费+措施项目费+其他项目费+税金

【解析】 略。

5. **【2018 年真题】**关于工程造价的分部组合计价原理，下列说法正确的是（　　）。

A. 分部分项工程费=基本构造单元工程量×工料单价

B. 工料单价指人工、材料和施工机械台班单价

C. 基本构造单元是由分部工程适当组合形成

D. 工程总价是按规定程序和方法逐级汇总形成的工程造价

【解析】 本题考核分部组合计价原理。A 选项错误，分部分项工程费由基本构造单元工程量乘以综合单价汇总而成，选项当中没有体现汇总过程；B 选项错误，工料单价由人、材、机费用组成，特别注意，这里的“机”指施工机具使用费，不仅包含施工机械，还包含仪器仪表；C 选项错误，基本构造单元是由分项工程进一步分解或组合而成，并不一定是组合，也可能是分解；D 选项正确，工程总价是由下至上逐级汇总而成，注意与工程项目划分的区别，项目划分是由上至下分解。

6. **【2016 年真题】**下列说法中，符合工程计价基本原理的是（　　）。

A. 工程计价的基本原理在于项目划分与工程量计算

B. 工程计价分为项目的分解与组合两个阶段

C. 工程组价包括工程单价的确定和总价的计算

D. 工程单价包括生产要素单价、工料单价和综合单价

【解析】 本题考核分部组合计价原理。工程计价的基本原理在于项目的分解和价格的组合，可分为工程计量和工程组价两个环节。工程计量工作包括项目划分和工程量的计算，要按照相应的定额规则或清单工程量计算标准的规则进行；工程组价包括单价的确定和总价的计算，单价又包含工料单价、不完全综合单价（清单综合单价）和完全综合单价（全费用综合单价）。故 A、B、D 选项错误，C 选项正确。

7. **【2015 年真题】**工程计量工作包括工程项目的划分和工程量的计算，下列关于工程计量工作的说法中正确的是（　　）。

A. 项目划分须按预算定额规定的定额子项进行

B. 通过项目划分确定单位工程基本构造单元

C. 工程量的计算须按工程量清单计算标准的规则进行计算

D. 工程量的计算应依据施工图设计文件，不应依据施工组织设计文件

【解析】 本题考核分部组合计价原理。划分工程项目、编制工程概预算时，主要是按工程定额进行项目的划分，划分粗细要与应用的定额概略程度相适应；编制工程量清单时，主要是按照清单工程量计算标准规定的清单项目进行划分，故 A 选项错误；通过项目划分，就是确定单位工程基本构造单元，进而计算工程量，故 B 选项正确；工程量计算要依据计量规则，计量规则主要包括工程定额的规定及各专业工程量计算标准的规定两大类，故 C 选项错误；施工组织设计是工程量计算的依据之一，故 D 选项错误。

8. **【2023 年真题】** 关于工程计价原理与依据，下列说法正确的有（　　）。

A. 项目的造价与建设规模大小呈线性关系

B. 工程计价的基本原理是项目的分解和价格的组合

C. 工程计价可分为工程计量和套用单价两个环节

D. 定额计价与工程量清单计价的主要区别之一是风险分担方式不同

E. 时间定额与产量定额互为倒数

【解析】 A 选项错误，项目的造价并不总是和规模大小呈线性关系的，典型的规模经济或规模不经济都会出现；C 选项错误，工程计价的基本原理是项目的分解和价格的组合，工程计价可分为工程计量和工程组价两个环节。

9. **【2020 年真题】** 根据现行《建设工程工程量清单计价标准》，关于工程量清单的特点和应用，下列说法正确的有（　　）。

A. 分为招标工程量清单和合同清单

B. 以合同标的或单位（项）工程为单位编制

C. 是招标文件的组成部分

D. 是载明发包工程内容和数量的清单，不涉及金额

E. 仅用于最高投标限价和投标报价的编制

【解析】 本题考核工程量清单相关知识点。C 选项说法不严谨，已标价工程量清单是投标文件组成部分而不是招标文件组成部分；D 选项错误，招标工程量清单可能涉及暂列金额、暂估价等金额，已标价工程量清单一定涉及金额；E 选项错误，工程量清单计价活动涵盖施工招标、合同管理以及竣工交付全过程，主要包括：编制招标工程量清单、最高投标限价、投标报价，确定合同价，工程计量与价款支付、合同价款的调整、工程结算和工程计价纠纷处理等活动。

10. **【2018 年真题】** 关于工程量清单计价的基本程序和方法，下列说法正确的有（　　）。

A. 单位工程造价通过直接费、间接费、利润汇总

B. 计价过程包括工程量清单的编制和应用两个阶段

C. 项目特征和计量单位的确定与施工组织设计无关

D. 招标文件中划分的由投标人承担的风险费用应隐含在综合单价中

E. 工程量清单计价活动伴随竣工结算而结束

【解析】 本题考核工程量清单计价相关知识。A 选项错误，单位工程造价 = 分部分项工程费 + 措施项目费 + 其他项目费 + 税金；B 选项正确，工程量清单计价的过程可以分为两个阶段，即工程量清单的编制和工程量清单的应用；C 选项错误，计量单位只需要依据计价和计量标准确定，与施工组织设计无关，但项目特征，除依据清单计量及计价标准外，还需要依据设计图纸、有关技术标准、现场情况等；D 选项正确，风险费用隐含在已标价工程量清单综合单价中；E 选项错误，工程量清单计价活动还涉及工程计价纠纷处理。

11. **【2017 年真题】**根据分部组合计价原理，单位施工可依据（　　）等的不同分解为分部工程。

A. 结构部位

B. 路段长度

C. 施工特点

D. 材料

E. 工序

【解析】 本题考核项目划分依据。单位工程可以按照结构部位、路段长度及施工特点或施工任务分解为分部工程。

12. **【2016 年真题】**关于工程量清单计价和定额计价，下列计价公式中正确的有（　　）。

A. 单位工程直接费 = ∑（假定建筑安装产品工程量×工料单价）+ 措施费

B. 单位工程概预算费 = 单位工程直接费 + 企业管理费 + 利润 + 税金

C. 分部分项工程费 = ∑（分部分项工程量×分部分项工程综合单价）

D. 措施项目费 = ∑按“项”计算的措施项目费

E. 单位工程报价 = 分部分项工程费 + 措施项目费 + 其他项目费 + 税金

【解析】 本题考核工程计价基本程序。A 选项错误，单位工程直接费 = ∑（假定建筑产品工程量×工料单价）；B 选项错误，单位工程概预算费 = 单位工程直接费 + 间接费 + 利润 + 材料价差 + 税金。

考点二、工程计价基本程序

13. **【2022 年补考真题】**《工程造价咨询企业服务清单》属于我国现行工程造价管理标准中的（　　）。

A. 基础标准

B. 管理标准

C. 团体标准与操作规程

D. 质量管理标准

【解析】

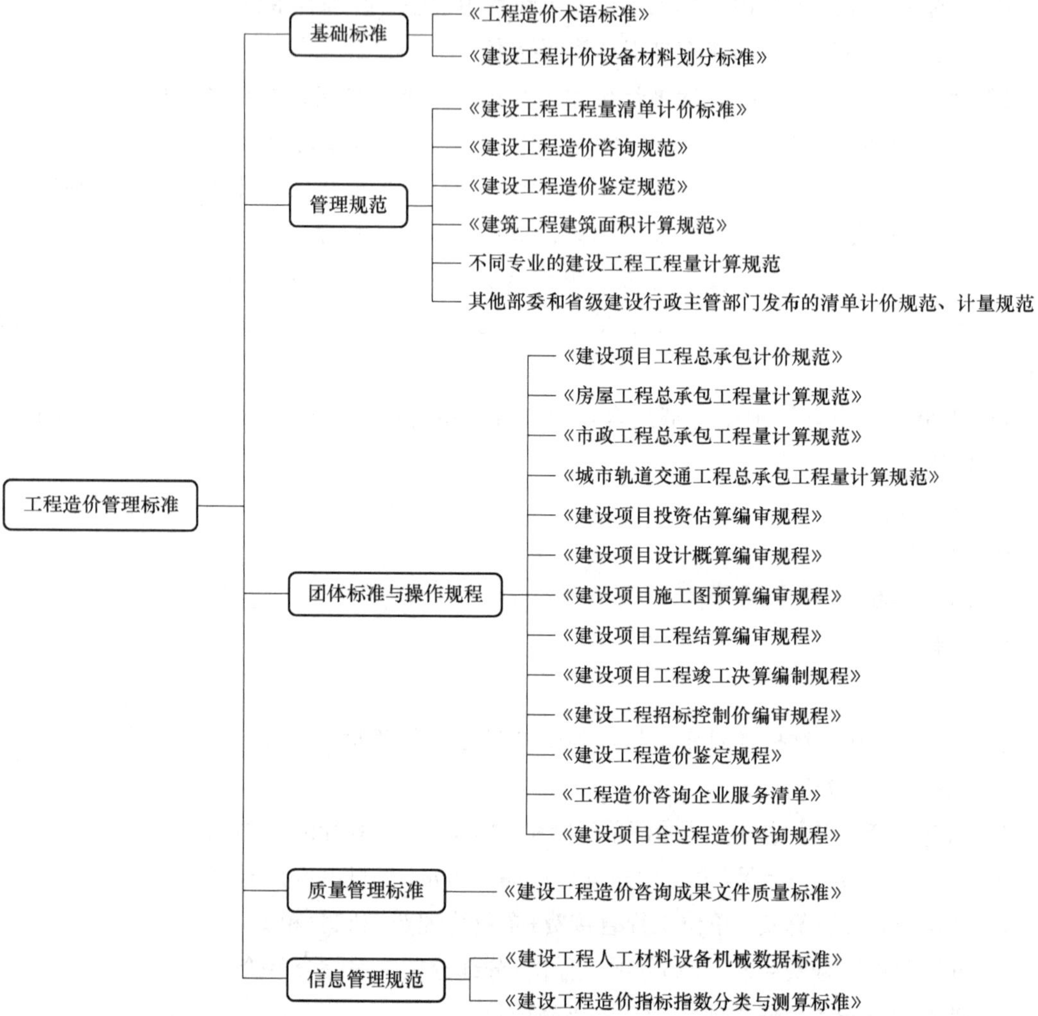

- 工程造价管理标准
  - 基础标准
    - 《工程造价术语标准》
    - 《建设工程计价设备材料划分标准》
  - 管理规范
    - 《建设工程工程量清单计价标准》
    - 《建设工程造价咨询规范》
    - 《建设工程造价鉴定规范》
    - 《建筑工程建筑面积计算规范》
    - 不同专业的建设工程工程量计算规范
    - 其他部委和省级建设行政主管部门发布的清单计价规范、计量规范
  - 团体标准与操作规程
    - 《建设项目工程总承包计价规范》
    - 《房屋工程总承包工程量计算规范》
    - 《市政工程总承包工程量计算规范》
    - 《城市轨道交通工程总承包工程量计算规范》
    - 《建设项目投资估算编审规程》
    - 《建设项目设计概算编审规程》
    - 《建设项目施工图预算编审规程》
    - 《建设项目工程结算编审规程》
    - 《建设项目工程竣工决算编制规程》
    - 《建设工程招标控制价编审规程》
    - 《建设工程造价鉴定规程》
    - 《工程造价咨询企业服务清单》
    - 《建设项目全过程造价咨询规程》
  - 质量管理标准
    - 《建设工程造价咨询成果文件质量标准》
  - 信息管理规范
    - 《建设工程人工材料设备机械数据标准》
    - 《建设工程造价指标指数分类与测算标准》

14. **【2022 年真题】** 根据现行工程量清单计价标准，将工程量乘以综合单价，汇总得出分部分项工程费，再计算措施项目费和其他项目费，合计得出单位工程建筑安装工程费的方法称为（　　）。

A. 实物量法　　　　B. 定额基价法

C. 全费用综合单价法　　　　D. 工程单价法

【解析】 若采用全费用综合单价（完全综合单价）法，首先依据相应工程量计算规范规定的工程量计算规则计算工程量，并依据相应的计价依据确定综合单价，然后用工程量乘以综合单价，并汇总即可得出分部分项工程费，之后再按相应的办法计算措施项目费、其他项目费用，汇总后形成相应工程造价。故 C 选项正确。

15. **【2021 年真题】** 关于工程量清单计价的适用范围和编制要求，下列说法正确的是（　　）。

A. 工程量清单计价主要用于设计及其以后各个阶段的计价活动

B. 招标工程量清单的完整性和准确性由编制人负责

C. 招标工程量清单应以合同标的或单位（项）工程为对象编制

D. 国家特许的融资项目可不采用工程量清单计价

【解析】 本题考核工程量清单相关知识点。A 选项错误，工程量清单计价活动涵盖施工招标、合同管理以及竣工交付全过程，但不含设计阶段及竣工决算阶段；B 选项错误，采用单价合同的招标工程，分部分项工程项目清单的完整性和准确性由招标人负责，无论是采用单价合同还是总价合同，措施项目清单的完整性及准确性均应由投标人负责，投标人应承担其报价合理性的风险，采用总价合同的工程，已标价工程量清单的准确性、完整性应由投标人负责；C 选项正确；D 选项错误，使用国有资金投资的建设工程发承包，必须采用工程量清单计价，国家特许融资的项目属于国有资金投资。

16. **【2021 年真题】** 我国工程造价管理体系可划分为若干子体系，具体包括（　　）。

A. 相关法律法规体系

B. 工程造价管理标准体系

C. 工程定额体系

D. 工程计价依据体系

E. 工程计价信息体系

【解析】 本题考核我国工程造价管理体系的组成。我国的工程造价管理体系可划分为工程造价管理的相关法律法规体系、工程造价管理标准体系、工程定额体系和工程计价信息体系四个主要部分。故 A、B、C、E 选项正确。

17. **【2022 年补考真题】** 关于工程概预算计价和工程量清单计价模式的异同，下列说法正确的有（　　）。

A. 工程基本构造单元的划分不同

B. 工程单价包含的费用内容不同

C. 工程量计算规则相同

D. 汇总单位工程造价的费用类别不同

E. 工程计价程序相同

【解析】 略。

18. **【2022 年真题】** 关于招标工程量清单的编制，正确的有（　　）。

A. 应在预算定额和工程量清单计算标准中选择工程量计算规则

B. 措施项目清单应根据拟建工程实际列项

C. 专业工程暂估价应计入其他项目费

D. 计日工应列出计量单位、暂定数量、暂定金额

E. 总承包服务费的项目名称和服务内容应由招标人填写

【解析】 A 选项错误，招标工程量清单应依据工程量清单计量和计价标准，不应依据预算定额；B、C 选项正确；D 选项错误，招标工程量清单应列出计量单位和暂定数量，不应列出综合单价与合价；E 选项正确。

19. 【2019 年真题】在工程量清单编制中，设计图纸、有关技术标准和现场情况可以用于确定（　　）。

A. 项目名称　　B. 项目编码

C. 项目特征　　D. 计量单位

E. 工程数量

【解析】 本题考核工程量清单五要素的确定依据。工程量清单五要素中，除了项目编码和计量单位是标准规定，项目名称、项目特征和工程量计算除了依据清单标准，还需要依据设计图纸、有关技术标准和现场情况等资料。故 A、C、E 选项正确。

考点三、工程定额体系

20. 【2023 年真题】下列定额中，分项最细、子目最多的定额是（　　）。

A. 施工定额　　B. 预算定额

C. 概算定额　　D. 概算指标

【解析】

按定额的编制程序和用途分类比较各种定额间的关系					
内容	施工定额	预算定额	概算定额	概算指标	投资估算指标
对象	施工过程或基本工序	分项工程或结构构件	扩大的分项工程或扩大的结构构件	单位工程	建设项目、单项工程、单位工程
用途	编制施工预算	编制施工图预算	编制扩大初步设计概算	编制初步设计概算	编制投资估算
项目划分	最细	细	较粗	粗	很粗
定额水平	平均先进	平均			
定额性质	生产性定额	计价性定额			
施工定额	属于企业定额的性质，是工程定额中分项最细、定额子目最多的一种定额，也是工程定额中的基础性定额				
预算定额	预算定额是以施工定额为基础综合扩大编制的，同时它也是编制概算定额的基础				
概算定额	概算定额的项目划分粗细，与扩大初步设计的深度相适应				
概算指标	概算指标是以单位工程为对象，反映完成一个规定计量单位建筑安装产品的经济指标，是一种计价定额				
投资估算指标	投资估算指标是以建设项目、单项工程、单位工程为对象，反映建设总投资及其各项费用构成的经济指标。它是在项目建议书和可行性研究阶段编制投资估算、计算投资需要量时使用的一种定额。它的概略程度与可行性研究阶段相适应。投资估算指标往往根据历史的预、决算资料和价格变动等资料编制，但其编制基础仍然离不开预算定额、概算定额				

21. 【2022 年真题】下列工程定额中，以单位工程为对象，反映完成一个规定计量单位建筑安装产品经济指标的是（　　）。

A. 预算定额　　B. 概算定额

C. 概算指标　　D. 投资估算指标

【解析】 略。

22. 【2021 年真题】下列工程定额中，能反映建设总投资及各项费用的是（　）。

A. 施工定额　　B. 预算定额

C. 概算指标　　D. 投资估算指标

【解析】 本题考核工程定额相关知识。投资估算指标是以建设项目、单项工程、单位工程为对象，反映建设总投资及其各项费用构成的经济指标。故 D 选项正确。

23. 【2020 年真题】下列定额中反映社会平均先进水平定额的是（　）。

A. 企业定额　　B. 预算定额

C. 概算定额　　D. 概算指标

【解析】 本题考核工程定额体系。只有施工定额（又称企业定额）体现的是平均先进水平，预算定额、概算定额、概算指标及投资估算指标均体现平均水平。故 A 选项正确。

24. 【2019 年真题】关于工程定额的应用，下列说法正确的是（　）。

A. 施工定额是编制施工图预算的依据

B. 劳动定额的主要表现形式是时间定额，不能表现为产量定额

C. 企业定额反映了施工企业的生产消耗标准，宜用于工程计价

D. 定额按反映的生产要素消耗内容分为劳动消耗定额、材料消耗定额和机具消耗定额

【解析】 本题考核工程定额体系相关知识。A 选项错误，施工定额是施工企业组织生产和加强管理在企业内部使用的一种定额，属于企业性质的定额，预算定额是施工图预算的编制基础；B 选项错误，劳动定额的主要表现形式是时间定额，但同时也表现为产量定额，时间定额与产量定额互为倒数；C 选项错误，企业定额在企业内部使用，在工程量清单计价方法下，是企业进行投标报价的依据，但不能作为编制施工图预算的依据；D 选项正确。

25. 【2018 年真题】反映完成一定计量单位合格扩大结构构件需要消耗的人工、材料和施工机具台班的数量的定额是（　）。

A. 概算指标　　B. 概算定额

C. 预算定额　　D. 施工定额

【解析】 略。

26. 【2017 年真题】下列定额中，项目划分最细的工程定额是（　）。

A. 材料消耗定额　　B. 劳动定额

C. 预算定额　　D. 概算定额

【解析】 略。

27. 【2016 年真题】关于工程定额，下列说法正确的是（　）。

A. 劳动定额主要表现形式为时间定额，机械消耗定额主要表现形式为产量定额

B. 施工定额是企业内部使用的预算定额

C. 预算定额是一种计价性定额

D. 概算定额以单位工程为对象，反映完成一个规定计量单位建筑安装产品的经济指标

【解析】 本题考核工程定额相关知识。A选项错误，劳动消耗定额和机械消耗定额的主要表现形式均是时间定额，但同时也表现为产量定额；B选项错误、C选项正确，施工定额是企业性质的定额，预算定额是计价性定额；D选项错误，概算指标是以单位工程为对象，反映完成一个规定计量单位建筑安装产品的经济指标。

28. 【2022年真题】关于现阶段我国工程造价计价依据改革的相关任务，下列说法正确的有（　　）。

A. 优化发布概预算定额机制

B. 搭建市场价格信息发布平台，政府统一发布市场价格信息

C. 加强市场价格信息发布行为监管

D. 加快建立国有资金投资的工程造价数据库

E. 综合运用造价指标、指数和市场价格信息控制项目投资

【解析】 A选项错误，目前我国已取消最高投标限价按定额计价的规定，逐步停止发布预算定额；B选项错误，搭建市场价格信息发布平台，统一信息发布标准和规则，鼓励企事业单位通过信息平台发布各自的人工、材料、机械台班市场价格信息，供市场主体选择。

参考答案

1	2	3	4	5	6	7	8	9	10
D	A	C	D	D	C	B	BDE	AB	BD
11	12	13	14	15	16	17	18	19	20
ABC	CDE	C	C	C	ABCE	ABD	BCE	ACE	A
21	22	23	24	25	26	27	28		
C	D	A	D	B	C	C	CDE		

【2025考点预测】

1. 单位工程、分部工程划分依据。
2. 工程计价的基本原理、环节及各环节主要工作内容。
3. 工程计价的依据及管理标准的具体分类。
4. 工程量清单五要素确定依据及清单计价活动作用阶段。
5. 定额按编制程序和用途的分类及各定额之间的关系比较。

第二节　工程量清单计价方法

【考点分解】

考点一、工程量清单计价的范围和作用

考点二、分部分项工程项目清单

考点三、措施项目清单

考点四、其他项目清单

【真题实战】

考点一、工程量清单计价的范围和作用

1. **【2023 年真题】** 根据《建设工程工程量清单计价标准》，关于工程量清单及其编制，下列说法正确的是（　　）。

A. 招标工程量清单的完整性由招标代理人负责

B. 招标工程量清单应以分部分项工程为单位编制

C. 已标价工程量清单需经承包人确认

D. 已标价工程量清单不包括税金项目清单

【解析】

现状	主要适用于施工图设计完成后的施工发承包及施工阶段的计价活动，项目编码规则、项目特征描述方式以及工程量计算规则都是在项目已经具备了施工图的基础上进行规定的，并不完全适合不同交易时点对工程量清单的实际需要
要求	我国大力推行工程总承包方式后，应建立多层级工程量清单，形成以清单计价标准和各专（行）业工程量计算规范配套使用的清单规范体系，满足不同设计深度、不同复杂程度、不同承包方式及不同管理需求下工程计价的需要
模拟工程量清单	这是工程设计图没有或不完备的情况下工程量清单的替代方式，最大的不同点就是编制基础不同：工程量清单的编制基础是构成工程实体的各部分实物工程量；模拟工程量清单计价模式是基于初步设计相关成果文件，参照类似工程而进行“提前”计价的工程量清单计价模式
分类	分为招标工程量清单和合同清单（已标价工程量清单）
编制主体	招标工程量清单应由具有编制能力的招标人或受其委托的工程造价咨询人或招标代理人编制
责任主体	采用单价合同的招标工程，分部分项工程项目清单的完整性和准确性由招标人负责，无论是采用单价合同还是总价合同，措施项目清单的完整性及准确性均应由投标人负责，投标人应承担其报价合理性的风险，采用总价合同的工程，已标价工程量清单的准确性、完整性应由投标人负责
编制对象	招标工程量清单应以合同标的或单位（项）工程为单位编制

2. **【2018 年真题】** 关于工程量清单计价适用范围，下列说法正确的是（　　）。

A. 达到或超过规定建设规模的工程，应采用工程量清单计价

B. 达到或超过规定投资数额的工程，应采用工程量清单计价

C. 国有资金占投资总额不足 50%的建设工程发承包，不必采用工程量清单计价

D. 不采用工程量清单计价的建设工程，应执行计价标准中除工程量清单等专门性规定以外的规定

【解析】 本题考核工程量清单计价适用范围。使用财政资金或国有资金投资的建设工程，应按国家及行业工程量计算标准编制工程量清单，采用工程量清单计价；非使用财政资金或国有投资的建设工程，宜按国家及行业工程量计算标准编制工程量清单，采用工程量清单计价。故 D 选项正确。

3. 【2015 年真题】招标工程清单是招标文件的组成部分，单价合同中分部分项工程量清单的准确性由（　　）负责。

A. 招标代理机构

B. 招标人

C. 编制工程量清单的造价咨询机构

D. 招标工程量清单的编制人

【解析】 采用单价合同的招标工程，分部分项工程项目清单的完整性和准确性由招标人负责，无论是采用单价合同还是总价合同，措施项目清单的完整性及准确性均应由投标人负责，投标人应承担其报价合理性的风险，采用总价合同的工程，已标价工程量清单的准确性、完整性应由投标人负责。

4. 【2022 年补考真题】根据现行工程量清单计价标准，关于工程量清单及其编制，下列说法正确的有（　　）。

A. 工程量清单分为招标工程量清单和合同清单

B. 工程量清单以合同标的或单位（项）工程为对象编制

C. 暂列金额归招标人所有，不汇总计入投标报价

D. 总承包服务费的服务内容应由投标人填写

E. 单位工程竣工结算汇总表中不再计列暂列金额

【解析】 A、B 选项正确；C 选项错误，暂列金额按招标文件载明价格计入投标总价；D 选项错误，总承包服务费项目名称、服务内容应由招标人填写；编制最高投标限价及投标报价时，采用费率计价方式计算总承包服务费的，应分别填写“计算基础”“费率”列，并计算填写“金额”列；采用总价计价方式计算总承包服务费的，可直接填写“金额”列；编制结算时，采用费率计价方式计算总承包服务费的，应填写“确认计算基础”列，并计算填写“结算金额”列，采用总价计价方式计算总承包服务费的，可直接填写“结算金额”列；E 选项正确。

考点二、分部分项工程项目清单

5. 【2022 年补考真题】关于分部分项工程项目清单的编制，下列说法正确的是（　　）。

A. 同一标段内不同单位工程下相同的分部分项工程应采用相同编码

B. 应对各分部分项工程的工程内容予以详细准确描述

C. 应在定额和工程量清单计算规则中选用最能准确计量的工程量计算规则

D. 当出现增补清单项目时，应在工程量清单中附补充项目的名称、特征、计量单位、工程量计算规则和工作内容

【解析】 分部分项工程清单与计价表知识点总结：

<table>
<tr><th>知识点</th><th>项目编码</th><th>项目名称</th><th>项目特征</th><th>计量单位</th><th>工程量</th></tr>
<tr><td rowspan="4">具体规定</td><td>① 五级十二位编码，前九位全国统一，同一标段不得重码
② 根据清单项目名称设置</td><td>按各专业工程工程量计算规范附录的项目名称结合拟建工程的实际确定</td><td>① 本质特征，应准确而详细描述
② 工程内容通常无须描述</td><td>当计量单位有两个或两个以上时，选择最适宜表现该项目特征并方便计量的单位</td><td>清单项目的工程量应以实体工程量为准，并以完成后的净值计算，施工损耗及增加的工程量在单价中考虑</td></tr>
<tr><td colspan="5">03　01　01　001　001
第五级 具体清单项目名称顺序码 (由清单编制人从001开始)
第四级 分项工程项目名称顺序码 (001表示台式及仪表机床)
第三级 分部工程顺序码 (01表示切削设备及安装工程)
第二级 附录顺序码 (01表示机械设备及安装工程)
第一级 专业工程 (03表示安装工程)</td></tr>
<tr><td colspan="5">当同一标段（或合同段）的一份工程量清单中含有多个单位工程且工程量清单是以单位工程为编制对象时，在编制工程量清单时应特别注意对项目编码十至十二位的设置不得有重码</td></tr>
<tr><td colspan="5">① 补充项目的编码由工程量计算规范的代码与 B 和三位阿拉伯数字组成，并应从 001 起顺序编制
② 应附补充项目的项目名称、项目特征、计量单位、工程量计算规则和工作内容</td></tr>
</table>

6. **【2022 年真题】**关于分部分项工程项目清单的编制，下列说法正确的是（　　）。

A. 第二级项目编码为单位工程顺序码

B. 应补充描述清单计算规范中未规定的其他独有特征

C. 项目名称应直接采用规范附录给定的名称

D. 工程量中应包含多种必要的施工损耗量

【解析】 A 选项错误，第二级表示附录分类顺序码；B 选项正确；C 选项错误，分部分项工程项目清单的项目名称应按专业工程量计算规范附录的项目名称结合拟建工程的实际确定；D 选项错误，除另有说明外，所有清单项目的工程量应以实体工程量为准，并以完成后的净值计算。

7. **【2021 年真题】**下列对分部分项工程项目特征描述正确的是（　　）。

A. 计价标准没有说明的特殊项目特征，无须描述

B. 投标报价时项目特征与图纸不符，以图纸为准

C. 项目特征的描述，要对工程内容加以描述

D. 分部分项工程项目特征要依据技术标准、标准图集、图纸进行描述

【解析】 本题考核项目特征描述相关知识点。A 选项错误，凡项目特征中未描述的其他独有特征，由清单编制人视项目具体情况确定，以准确描述清单项目为准；B 选项错误，

在招标投标过程中，当出现招标工程量清单特征描述与设计图纸不符时，投标人应以招标工程量清单的项目特征描述为准，确定投标报价的综合单价；C 选项错误，工程内容通常无须描述；D 选项正确。

8.【2020 年真题】关于分部分项工程项目清单中项目编码的编制，下列说法正确的是（　　）。

A. 第二级编码为分部工程顺序码

B. 第五级编码为分项工程项目名称顺序码

C. 同一标段内多个单位工程中项目特征完全相同的分项工程，可采用相同编码

D. 补充项目应采用 6 位编码工程

【解析】 本题考核工程量清单项目编码的含义。第一级（两位数）表示专业工程；第二级（两位数）表示附录分类码；第三级（两位数）表示分部工程；第四级（三位数）表示分项工程；第五级（三位数）表示具体清单项目顺序码。同一标段内的多个单位工程中，项目不得重码；补充项目编码由规范代码与 B 和三位阿拉伯数字组成。故 D 选项正确。

9.【2018 年真题】招标工程量清单的项目特征中通常不需要描述的内容是（　　）。

A. 材料材质　　B. 结构部位

C. 工程内容　　D. 规格尺寸

【解析】 本题考核工程量清单五要素当中的项目特征。工程内容是指完成清单项目可能发生的具体工作和操作程序，但应注意的是，在编制分部分项工程项目清单时，工程内容通常无须描述，因为在工程量计算规范中，工程量清单项目与工程量计算规则、工程内容有一一对应的关系。材料材质、规则尺寸及结构部位是需要描述的，这些特征是确定综合单价的主要依据。故 C 选项正确。

10.【2016 年真题】根据《建设工程工程量清单计价标准》相关规定，下列关于工程量清单项目编码的说法中，正确的是（　　）。

A. 第三级编码为分部工程顺序码，由三位数字表示

B. 第五级编码应根据拟建工程的工程量清单项目名称设置，不得重码

C. 同一标段含有多个单位工程，不同单位工程中项目特征相同的工程应采用相同编码

D. 补充项目编码以“B”加上计量规范代码后跟三位数字表示

【解析】 略。

11.【2019 年真题】关于分部分项工程量清单的编制，下列说法正确的有（　　）。

A. 项目编码第 7~9 位为分项工程项目名称顺序码

B. 项目名称应按工程量计算标准附录中给定的名称确定

C. 项目特征应按工程量计算标准附录中规定的项目特征予以描述

D. 计量单位应按工程量计算标准附录中给定的，选用较适宜表现项目特征并方便计量的单位

E. 工程量应按实际完成的工程量计算

【解析】 本题考核工程量清单的编制。A 选项正确；B 选项错误，项目名称应按各专业工程工程量计算标准附录的项目名称结合拟建工程的实际确定；C 选项错误，项目特征应按各专业工程工程量计算规范附录中规定的项目特征，结合技术规范、标准图集、施工图纸，按照工程结构、使用材质及规格或安装位置等，予以详细而准确地表述和说明；D 选项正确；E 选项错误，除另有说明外，所有清单项目的工程量应以实体工程量为准，并以完成后的净值计算；施工中损耗及增加的工程量应在综合单价中予以考虑。

12. **【2017 年真题】**根据《建设工程工程量清单计价标准》相关规定，关于分部分项工程量清单的编制，下列说法正确的有（　　）。

A. 以重量计算的项目，其计量单位应为 t 或 kg

B. 以 t 为计量单位时，其计算结果应保留三位小数

C. 以 m^3 为计量单位时，其计算结果应保留三位小数

D. 以 kg 为计量单位时，其计算结果应保留一位小数

E. 以“个”“项” 为单位的，应取整数

【解析】 本题考核工程量清单计价计量单位小数位数。C、D 选项错误，以 m^3、m^2、m、kg 为计量单位时，其计算结果应保留两位小数。

13. **【2016 年真题】**关于分部分项工程量清单的编制，下列说法中正确的有（　　）。

A. 以清单计算规范附录中的名称为基础，结合具体工作内容补充细化项目名称

B. 清单项目的工作内容在招标工程量清单的项目特征中加以描述

C. 有两个或以上计量单位时，选择最适宜表现项目特征并方便计量的单位

D. 除另有说明外，清单项目的工程量应以实体工程量为准，各种施工中的损耗和需要增加的工程量应在单价中考虑

E. 在工程量清单中应附补充项目的项目名称、项目特征、计量单位和工程量

【解析】 本题考核分部分项工程量清单五要素的确定。B 选项错误，工作内容通常无须描述；E 选项错误，补充项目编码时应补充项目名称、项目特征、计量单位、工程量计算规则和工作内容。应特别注意补充内容与工程量清单五要素的区别：编制工程量清单时工作内容通常无须描述，但补充项目编码时必须补充工作内容；另外，编制工程量清单时需要填写工程量，而补充的是工程量计算规则。

考点三、措施项目清单

14. **【2022 年真题】**关于招标工程量清单的编制，正确的有（　　）。

A. 应在预算定额和工程量清单计算规范中选择工程量计算规则

B. 措施项目清单应根据拟建工程实际列项

C. 专业工程暂估价应计入其他项目费

D. 计日工应列出计量单位、暂定数量、暂定金额

E. 总承包服务费的项目名称和服务内容应由招标人填写

【解析】 A 选项错误，招标工程量清单应依据工程量清单计量和计价标准，不应依据预算定额；B、C 选项正确；D 选项错误，招标工程量清单应列出计日工的计量单位和暂定数量，不应列出综合单价与合价；E 选项正确。

考点四、其他项目清单

15. **【2022 年补考真题】** 招标工程量清单编制中，应由招标人填写暂定数量的其他项目是（　　）。

A. 暂列金额　　B. 专业工程暂估价

C. 计日工　　D. 总承包服务费

【解析】 计日工表项目名称、暂定数量由招标人填写，投标时，单价由投标人自主报价，按暂定数量计算合价计入投标总价中，故 C 选项正确。

16. **【2022 年真题】** 关于招标工程量清单中的暂估价，下列说法正确的是（　　）。

A. 工程设备暂估价应汇总计入其他项目费

B. 材料暂估单价应计入工程量清单综合单价

C. 专业工程暂估价不包括税金

D. 材料设备暂估价应由投标人填写

【解析】 材料暂估价：发包人在工程量清单中提供的，用于支付设计图纸要求必须使用的材料，但在招标时暂不能确定其标准、规格、价格而在工程量清单中预估到达施工现场的不含增值税的材料价格。

专业工程暂估价：发包人在工程量清单中提供的，在招标时暂不能确定工程具体要求及价格而预估的含增值税的专业工程费用。

专业工程暂估价应根据招标文件说明的专业工程分类别和（或）分专业列项，并列出明细表，其暂估价可根据项目情况，结合同类工程的合理价格或概算金额估算。

专业工程暂估价表的“暂估金额”由招标人填写，投标人应将“暂估金额”填写并计入投标总价。结算时应按合同约定的价格填写“确认金额”。

17. **【2021 年真题】** 编制工程量清单时，下列费用属于总承包服务费考虑范围的是（　　）。

A. 总包人对专业工程的投标费

B. 承包人自行采购工程设备的保护费

C. 承包人对非合同范围的发包人直接发包的专业工程协调及配合所需的费用

D. 竣工决算文件的编制费

【解析】 本题考核总承包服务费的内容。按合同约定，承包人对发包人提供材料履行保管及其配套服务所需的费用，和（或）承包人对合同范围的专业分包工程（承包人实施的除外）提供配合、协调、施工现场管理、已有临时设施使用、竣工资料汇总整理等服务所需的费用，以及（或）承包人对非合同范围的发包人直接发包的专业工程履行协调及配合责任所需的费用。总承包服务的相关管理、协调及配合责任等应在招标文件及合同中详细说明。故 C 选项正确。

18. **【2020 年真题】** 编制工程量清单时，下列费用属于总承包服务费考虑范围的是（　　）。

A. 总包人对专业工程的投标费

B. 承包人自行采购工程设备的保护费

C. 承包人对合同范围的专业分包工程提供配合、协调等费用

D. 竣工决算文件的编制费

【解析】 略。

19. **【2023 年真题】** 下列费用中，在投标时需按招标人确定的单价或金额计入投标总价的有（　　）。

A. 暂列金额　　B. 专业工程暂估价

C. 计日工单价　　D. 材料暂估单价

E. 总承包服务费

【解析】 暂列金额应按照招标人提供的其他项目清单中列出的金额填写，不得变动，专业工程暂估价必须按照招标人提供的其他项目清单中列出的金额填写；招标文件的其他项目清单中提供了暂估单价的材料和工程设备，其中的材料应按其暂估的单价计入清单项目的综合单价中；计日工和总承包服务由投标人自主报价。故 A、B、D 选项正确。

20. **【2020 年真题】** 关于其他项目清单与计价表的编制，下列说法正确的有（　　）。

A. 材料暂估单价计入清单项目综合单价，不汇总到其他项目清单计价表总额

B. 暂列金额归招标人所有，投标人应将其扣除后再做投标报价

C. 专业工程暂估价的费用构成应为全费用价格

D. 计日工的名称和数量应由投标人填写

E. 总承包服务费的内容和金额应由投标人填写

【解析】 略。

参考答案

1	2	3	4	5	6	7	8	9	10
C	D	B	ABE	D	B	D	D	C	B
11	12	13	14	15	16	17	18	19	20
AD	ABE	ACD	BCE	C	B	C	C	ABD	AC

【2025 考点预测】

1. 工程量清单的组成、编制主体、适用范围。
2. 分部分项工程量清单五要素的确定及补充项目内容。
3. 措施项目费的组成内容。
4. 其他项目清单的各类表格填写过程。

第三节　建筑安装工程人工、材料和施工机具台班消耗量的确定

【考点分解】

考点一、施工过程分解及工时研究

考点二、确定人工定额消耗量的基本方法

考点三、确定材料定额消耗量的基本方法

考点四、确定施工机具台班定额消耗量的基本方法

【真题实战】

考点一、施工过程分解及工时研究

1. **【2023 年真题】** 下列工作时间，虽属于损失时间但在拟定定额时需适当考虑的是（　　）。

A. 抹灰工修补偶然遗留墙洞的时间　　B. 工人熟悉图纸的时间

C. 工序完成后清理场地的时间　　D. 工人喝水时间

【解析】

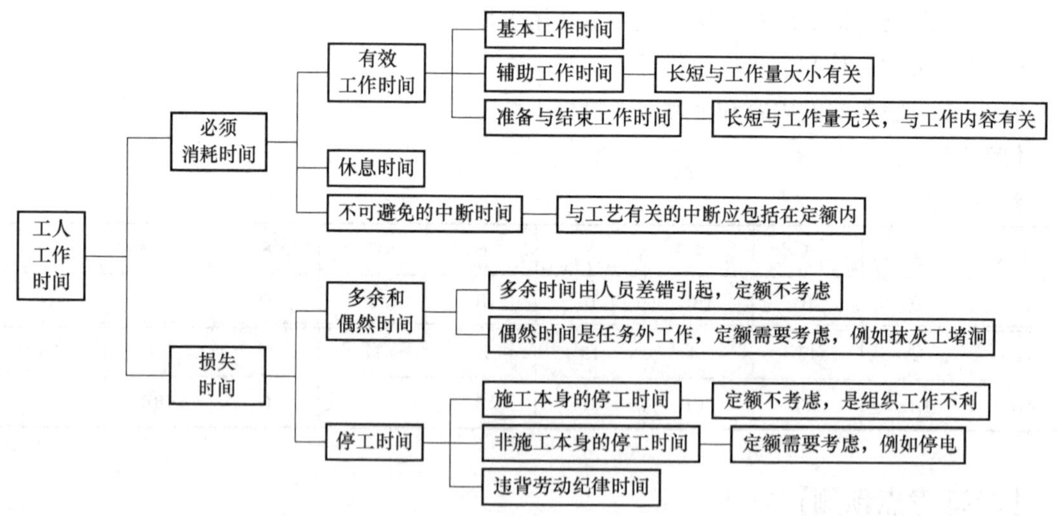

2. **【2022 年补考真题】** 按照工程定额编制要求，在机器工作时间分类中，属于损失时间而不被计入时间定额的是（　　）。

A. 准备与结束工作时间　　B. 工人休息时间

C. 低负荷下的工作时间　　D. 与工艺过程有关的无负荷工作时间

【解析】

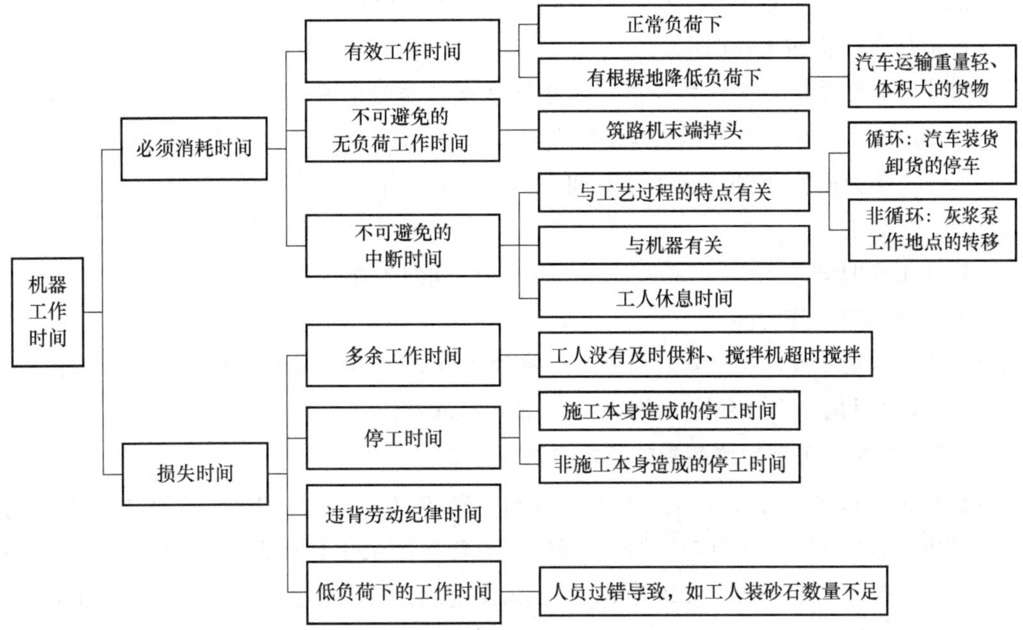

3. **【2020 年真题】**对工人工作时间消耗的分类中，属于必需消耗时间而被计入时间定额的是（　　）。

A. 偶然工作时间　　B. 工人休息时间

C. 施工本身造成的停工时间　　D. 非施工本身造成的停工时间

【解析】 必须消耗时间包括有效工作时间、休息时间和不可避免中断时间。故 B 选项正确。

4. **【2016 年真题】**下列机械工作时间中，属于有效工作时间的是（　　）。

A. 筑路机在工作区末端的调头时间

B. 体积达标而未达到载重吨位的货物汽车运输时间

C. 机械在工作地点之间的转移时间

D. 装车数量不足而在低负荷下工作的时间

【解析】 略。

5. **【2023 年真题】**下列施工机械消耗时间，应计入施工机具台班消耗量的有（　　）。

A. 筑路机在工作区末端掉头的时间

B. 暴雨时压路机的停工时间

C. 操作工人短暂休息的停机时间

D. 汽车装货时的停车时间

E. 甲方材料供应不及时引起的停机时间

【解析】 略。

6. **【2019 年真题】**下列人工、材料、机械台班的消耗，应计入定额消耗量的有（　　）。

A. 准备与结束工作时间
B. 施工本身原因造成的工人停工时间
C. 措施性材料的合理消耗量
D. 不可避免的施工废料
E. 低负荷下的机械工作时间

【解析】 本题考核定额相关知识。准备与结束工作时间应属于有效工作时间，措施性材料的合理消耗量及不可避免的施工废料均应计入材料消耗量。故A、C、D选项正确。

7.【2017年真题】下列工人工作时间中属于有效工作时间的有（　　）。

A. 基本工作时间
B. 不可避免中断时间
C. 辅助工作时间
D. 偶然工作时间
E. 准备与结束工作时间

【解析】 本题考核工人工作时间分类。有效工作时间由基本工作时间、辅助工作时间、准备与结束工作时间三部分组成。故A、C、E选项正确。

考点二、确定人工定额消耗量的基本方法

8.【2023年真题】通过计时观察资料得知，砌砖墙人工勾缝 $10m^2$ 的基本工作时间为90min，辅助工作时间占工序作业时间的5%，准备与结束工作时间、不可避免中断时间、休息时间分别占工作日的5%、12%、3%。该人工勾缝的产量定额为（　　）m^2/工日。

A. 0.024
B. 0.025
C. 40.53
D. 42.22

【解析】 计算过程：$90\div60\div8\div(1-5\%)\div(1-5\%-12\%-3\%)=0.2467$（工日/$10m^2$）；$1\div0.2467\times10=40.535$（$m^2$/工日）。

9.【2022年补考真题】完成某分部分项工程 $1m^3$ 的基本工时为2h，辅助工作时间占工序作业时间的10%，准备与结束工作时间、不可避免的中断时间、休息时间合计占工作日的20%，该工程的产量定额为（　　）。

A. 0.347工日/m^3
B. 0.344工日/m^3
C. 2.88m^3/工日
D. 2.91m^3/工日

【解析】 计算过程：时间定额$=2\div8\div(1-10\%)\div(1-20\%)=0.347$（工日/$m^3$）；产量定额$=1\div0.347=2.882$（$m^3$/工日）。

10.【2022年真题】关于人工定额消耗量的测定，下列计算公式正确的是（　　）。

A. 工序作业时间=基本工作时间/(1+辅助工作时间%)
B. 规范时间=辅助工作时间+准备与结束工作时间+休息时间
C. 规范时间=工序作业时间/(1+规范时间%)
D. 定额时间=工序作业时间+规范时间

【解析】 规范时间=准备与结束工作时间+不可避免的中断时间+休息时间

$$\text{工序作业时间}=\text{基本工作时间}+\text{辅助工作时间}=\frac{\text{基本工作时间}}{1-\text{辅助工作时间}(\%)}$$

$$\text{定额时间}=\frac{\text{工序作业时间}}{1-\text{规范时间}(\%)}$$

11. **【2019 年真题】** 工作日写实法测定的数据显示，完成 $10m^3$ 某现浇混凝土工程需基本工作时间 8h，辅助工作时间占工序作业时间的 8%，准备与结束工作时间、不可避免的中断时间、休息时间、损失时间分别占工作日的 5%、2%、18%、6%。则该混凝土工程的时间定额是（　　）工日/$10m^3$。

A. 1. 44　　　　B. 1. 45

C. 1. 56　　　　D. 1. 64

【解析】 本题考核时间定额的计算。计算过程：工序作业时间：8÷8÷(1−8%)= 1. 087（工日/$10m^3$）；时间定额：1. 087÷(1−5%−2%−18%)= 1. 45（工日/$10m^3$）。特别注意，计算劳动定额时损失时间不予考虑，本题中损失时间属于干扰项。

12. **【2018 年真题】** 已知某人工抹灰 $10m^2$ 的基本工作时间为 4h，辅助工作时间占工序作业时间的 5%，准备与结束工作时间、不可避免的中断时间、休息时间分别占工作日的 6%、11%、3%。则该人工抹灰的时间定额为（　　）工日/$100m^2$。

A. 6. 30　　　　B. 6. 56

C. 6. 58　　　　D. 6. 67

【解析】 本题考核时间定额的计算。计算过程：工序作业时间：4÷8÷(1−5%)= 0. 526（工日/m^2）；时间定额：0. 526÷(1−6%−11%−3%)×10=6. 58（工日/$100m^2$）。

13. **【2017 年真题】** 已知人工挖某土方 $1m^3$ 的基本工作时间为 1 个工作日，辅助工作时间占工序作业时间的 5%，准备与结束工作时间、不可避免的中断时间、休息时间分别占工作日的 3%、2%、15%，则该人工挖土的时间定额为（　　）工日/$10m^3$。

A. 13. 33　　　　B. 13. 16

C. 13. 13　　　　D. 12. 50

【解析】 本题考核时间定额的计算。计算过程：工序作业时间 = 1÷(1−5%)= 1. 053（工日/m^3）；时间定额 = 1. 053÷(1−3%−2%−15%)×10 = 13. 16（工日/m^3）。

14. **【2016 年真题】** 若完成 $1m^3$ 墙体砌筑工作的基本工时为 0. 5 工日，辅助工作时间占工序作业时间的 4%。准备与结束工作时间、不可避免的中断时间、休息时间分别占工作时间的 6%、3%、12%，该工程时间定额为（　　）工日/m^3。

A. 0. 581　　　　B. 0. 608

C. 0. 629　　　　D. 0. 659

【解析】 本题考核时间定额的计算。计算过程：工序作业时间 = 0. 5÷(1−4%)= 0. 521（工日/m^3）；时间定额 = 0. 521÷(1−6%−3%−12%)= 0. 659（工日/m^3）。

15. **【2020 年真题】** 关于人工定额消耗量的确定，下列算式正确的有（　　）。

A. 工序作业时间 = 基本工作时间×(1+辅助工作时间占比)

B. 工序作业时间 = 基本工作时间+辅助工作时间+不可避免中断时间

C. 规范时间 = 工人准备与结束时间+不可避免中断时间+休息时间

D. 定额时间 = 基本工作时间/(1−辅助工作时间)

E. 定额时间 =（基本工作时间+辅助工作时间）/(1−规范时间占比)

【解析】 本题考核人工工日消耗量的确定。工序作业时间=基本工作时间+辅助工作时间=基本工作时间/(1-辅助工作时间)，故A、B选项错误；C选项正确，规范时间=准备与结束工作时间+不可避免的中断时间+休息时间；定额时间=工序作业时间/(1-规范时间)，故D选项错误，E选项正确。

考点三、确定材料定额消耗量的基本方法

16. **【2023年真题】** 用M7.5水泥砂浆与规格为240mm×115mm×53mm的普通砖砌筑一砖厚墙体，灰缝宽度为10mm。假设普通砖与水泥砂浆的损耗率均为1%，则每$10m^3$该墙体中普通砖和水泥砂浆的消耗量分别为（　　）。

A. 5291块、$2.26m^3$　　　　B. 5344块、$2.18m^3$

C. 5291块、$2.20m^3$　　　　D. 5344块、$2.28m^3$

【解析】 ①普通砖净用量：10÷0.24÷(0.24+0.01)÷(0.053+0.01)×2=5291（块）；②普通砖消耗量：5291×(1+1%)=5344（块）；③水泥砂浆净用量：1-5291×0.24×0.115×0.053=2.26（m^3）；④水泥砂浆消耗量：2.26×(1+1%)=2.28（m^3）。

17. **【2022年补考真题】** 用干混砂浆贴800mm×800mm地砖地面，砂浆结合层厚度为20mm，砂浆损耗率为2%，不考虑砂浆灰缝用量，则每铺贴100m地面砂浆消耗量为（　　）m^3。

A. 2.040　　　　B. 2.041

C. 2.139　　　　D. 2.140

【解析】 计算过程：100×2%×(1+2%)=2.040（m^3）。

18. **【2022年真题】** 用规格为290mm×240mm×190mm的烧结空心砌块砌筑240mm厚墙体，灰缝宽度为10mm，砌块损耗率为1%，则每$10m^3$该种砌体空心砌块的消耗量为（　　）m^3。

A. 8.90　　　　B. 9.18

C. 9.28　　　　D. 10.10

【解析】 计算过程：①1÷0.24=4.17（m^2）；②4.17÷[(0.29+0.01)×(0.19+0.01)]=69.4（块）；③69.4×(1+1%)=70.14（块）；④70.14×(0.29×0.24×0.19)=0.928（m^3）；⑤0.928×10=9.28（m^3）。

19. **【2021年真题】** 用水泥砂浆砌一砖半墙，标准砖尺寸为240mm×115mm×53mm，灰缝宽10mm，则砌筑$10m^3$砖墙需要标准砖净用量是（　　）千块。

A. 5.148　　　　B. 5.219

C. 6.374　　　　D. 6.462

【解析】 本题考核标准砖墙材料用量的计算。计算过程：

$$\frac{10}{(0.115\times3+0.01\times2)\times(0.24+0.01)\times(0.053+0.01)}\times3\div1000=5.219\text{（千块）}$$

20. **【2020年真题】** 采用干混地面砂浆贴600mm×600mm石材楼面，灰缝宽2mm，石材损耗率2%。每100平方米需（　　）块瓷砖。

A. 281.46　　B. 281.57

C. 283.33　　D. 283.45

【解析】 本题考核材料消耗量的计算。计算过程：100/(0.602×0.602)×(1+2%)=281.454（块）。

21. 【2019年真题】用于混凝土抹灰砂浆贴200mm×300mm瓷砖墙面，灰缝宽5mm，假设瓷砖损耗率为8%，则$100m^2$瓷砖墙面的瓷砖消耗是（　　）m^2。

A. 103.6　　B. 104.3

C. 108.0　　D. 108.7

【解析】 本题考核面层块料净用量及消耗量的计算。$100m^2$墙面中瓷砖的净用量：100÷[(0.2+0.005)×(0.3+0.005)]×0.2×0.3=95.96（m^2）；瓷砖的消耗：95.96×(1+8%)=103.6（m^2）。

22. 【2018年真题】关于材料消耗的性质及确定材料消耗量的基本方法，下列说法正确的是（　　）。

A. 理论计算法适用于确定材料净用量

B. 必须消耗的材料量是指材料的净用量

C. 土石方爆破工程所需的炸药、雷管、引信属于非实体材料

D. 现场统计法主要适用于确定材料损耗量

【解析】 本题考核材料定额消耗量的确定。材料按消耗性质分类，分为必须消耗材料和损失材料，必须消耗材料包括用于工程的材料（净用量）、不可避免的施工废料和材料损耗（损耗量）；按材料消耗和工程实体关系分为实体材料和非实体材料，实体材料指直接用于工程的材料，包括直接性材料和辅助材料，非实体材料指措施性材料，故B、C选项错误；材料消耗量的确定方法有现场技术测定法、实验室试验法、现场统计法和理论计算法，现场技术测定法主要用于材料损耗量的测定，实验室试验法主要用于材料净用量的确定，现场统计法一般只能确定材料消耗量，不能确定必须消耗和损失量，理论计算法用理论公式计算材料净用量，适用于不易产生损耗且容易确定废料的材料消耗量的计算，故A选项正确，D选项错误。

23. 【2017年真题】已知砌筑$1m^3$砖墙中砖净量和损耗量分别为529块、6块，百块砖体积按$0.146m^3$计算，砂浆损耗率为10%。则砌筑$1m^3$砖墙的砂浆用量为（　　）m^3。

A. 0.250　　B. 0.253

C. 0.241　　D. 0.243

【解析】 本题考核材料消耗量的计算。计算过程：砂浆净用量=1−529×0.146÷100=0.228（m^3）；砂浆消耗量=0.228×(1+10%)=0.250（m^3）。

24. 【2022年补考真题】根据工程定额编制要求，下列时间、材料、施工机具的消耗，应计入人工、材料或施工机具台班消耗量的有（　　）。

A. 工序作业时间之外的规范时间　　B. 不可避免的施工废料和材料损耗量

C. 模板、脚手架等非实体材料的使用量　　D. 施工本身原因造成的机械停工时间

E. 施工仪器仪表的台班消耗量

【解析】 D选项错误，施工本身原因造成的机械停工时间属于损失时间，编制定额时不予考虑。

25.【2022年真题】下列人工、材料、机械台班的消耗，应计入定额消耗量的有（ ）。

A. 施工本身造成的停工时间　　B. 不可避免的施工废料

C. 施工措施性材料的用量　　D. 有根据地降低负荷下的工作时间

E. 与机械保养相关的必要中断时间

【解析】 A选项错误，施工本身造成的停工时间属于损失时间，拟定定额时不应予以考虑。

26.【2016年真题】下列定额测定方法中，主要用于测定材料净用量的有（ ）。

A. 现场技术测定法　　B. 实验室试验法

C. 现场统计法　　D. 理论计算法

E. 写实记录法

【解析】 材料消耗量的确定方法有现场技术测定法、实验室试验法、现场统计法和理论计算法，现场技术测定法主要用于材料损耗量的测定，实验室试验法主要用于材料净用量的确定，现场统计法一般只能确定材料消耗量，不能确定必须消耗和损失量，理论计算法用理论公式计算材料净用量，适用于不易产生损耗且容易确定废料的材料消耗量的计算。故B、D选项正确。写实记录法是计时观察法的方法之一。

考点四、确定施工机具台班定额消耗量的基本方法

27.【2022年补考真题】下列与施工仪器仪表相关的费用中，应计入仪器仪表台班单价的是（ ）。

A. 仪器仪表报废时回收的残值　　B. 操作仪器仪表的工人工资

C. 相关检测软件的购置费　　D. 仪器仪表台班的耗电费

【解析】 施工仪器仪表台班单价由四项费用组成，包括折旧费、维护费、校验费、动力费，不包括检测软件的相关费用；动力费指施工仪器仪表所耗用的电费。故D选项正确。

28.【2022年真题】某型号施工机械循环作业一次，各循环组成部分的正常延续时间分别为3min、5min、4min、2min，交叠时成为2min，一次循环的产量为2m^3，机械时间利用系数为0.9，则该机械的产量定额为（ ）m^3/台班。

A. 61.71　　B. 68.57

C. 72.00　　D. 80.00

【解析】 本题考核台班产量定额的计算。计算过程：$60\div(3+5+4+2-2)\times2\times8\times0.9=72.00$（$m^3$/台班）。

29.【2021年真题】某出料容量200L的砂浆搅拌机，每一次循环工作中，运料、装料、搅拌、卸料、不可避免的中断需要的时间分别为5min、1min、3min、1min、5min，机械利用系数为0.8。该机械的台班产量定额为（ ）m^3/台班。

A. 5.12　　B. 1.30

C. 7.68　　D. 1.95

【解析】 本题考核台班产量定额的计算。计算过程：60÷(1+3+1+5)×0.2×8×0.8=7.68（m^3/台班）。特别注意，运料同时可以装料、搅拌卸料，故运料时间不应计入时间定额。

30. 【2020年真题】某装载容量为15m^3的运输机械，每运输10km的一次循环工作中，装车、运输、卸料、空车返回时间分别为10min、15min、8min、12min，机械时间利用系数为0.75，则该机械运输10km的台班产量定额为（　　）10m^3/台班。

A. 8.00　　B. 10.91

C. 12.00　　D. 16.36

【解析】 本题考核机械台班消耗量的计算：60÷(10+15+8+12)×15×8×0.75÷10=12.00（10m^3/台班）。

31. 【2018年真题】某混凝土输送泵每小时纯工作状态可输送混凝土25m^3，泵的时间利用系数为0.75，则该混凝土输送泵的产量定额为（　　）。

A. 150m^3/台班　　B. 0.67台班/100m^3

C. 200m^3/台班　　D. 0.50台班/100m^3

【解析】 本题考核机械台班产量定额的计算。25×8×0.75=150（m^3/台班）。

32. 【2017年真题】确定施工机械台班定额消耗量前需计算机械时间利用系数，其计算公式正确的是（　　）。

A. 机械时间利用系数=机械纯工作1h正常生产率×工作班纯工作时间

B. 机械时间利用系数=1/机械台班产量定额

C. 机械时间利用系数=机械一个工作班内纯工作时间/一个工作班延续时间（8h）

D. 机械时间利用系数=一个工作班延续时间（8h）/机械一个工作班内纯工作时间

【解析】 本题考核机械时间利用系数的计算。机械时间利用系数=机械一个工作班内纯工作时间/一个工作班延续时间（8h）。故C选项正确。

参考答案

1	2	3	4	5	6	7	8	9	10
A	C	B	B	ACD	ACD	ACE	C	C	D
11	12	13	14	15	16	17	18	19	20
B	C	B	D	CE	D	A	C	B	A
21	22	23	24	25	26	27	28	29	30
A	A	A	ABCE	BCDE	BD	D	C	C	C
31	32								
A	C								

【2025考点预测】

1. 工人工作时间的分类及拟定定额应考虑的时间。
2. 机器工作时间的分类、举例及拟定定额应考虑的时间。
3. 人工（劳动）定额时间的计算。
4. 确定材料消耗量的方法分类及各种方法适用范围。
5. 材料消耗量、净用量、损耗量的关系及损耗率的确定。
6. 施工机械台班定额的计算。

第四节　建筑安装工程人工、材料和施工机具台班单价的确定

【考点分解】

考点一、人工日工资单价的组成和确定方法
考点二、材料单价的组成和确定方法
考点三、施工机械台班单价的组成和确定方法

【真题实战】

考点一、人工日工资单价的组成和确定方法

1. **【2014年真题】** 根据国家相关法律、法规和政策规定，因停工学习、执行国家或社会义务等原因，按计时工资标准支付的工资属于人工日工资单价中的（　　）。

A. 基本工资　　B. 奖金
C. 津贴补贴　　D. 特殊情况下支付的工资

【解析】 本题考核人工日工资单价的组成及详细内容。人工日工资单价包括工资、津贴、奖金、加班加点工资、特殊情况下支付的工资以及社会保险费、住房公积金、劳动保护费、职工福利费、工会经费、职工教育经费等。故D选项正确。

2. **【2018年真题】** 根据现行建筑安装工程费用项目组成规定，下列费用项目已包括在人工日工资单价内的有（　　）。

A. 节约奖　　B. 流动施工津贴
C. 高温作业临时津贴　　D. 施工机械人员工资
E. 探亲假期间工资

【解析】 本题考核人工日工资单价的组成内容。节约奖属于奖金，流动津贴、高温作业临时津贴属于津贴补贴，探亲假期间工资属于特殊情况下支付的工资，故A、B、C、E选项正确；D选项错误，施工机械人员工资不应计入人工日工资单价中。

考点二、材料单价的组成和确定方法

3. **【2023 年真题】** 某建设项目从供应商处采购甲材料，已知含税采购价为 5650 元/t（适用 13%增值税税率），不含税运杂费为 100 元/t。若运输损耗、采购保管费率均按 3%考虑，则该材料的不含税单价应为（　　）元/t。

A. 5100　　B. 5406

C. 5411　　D. 5750

【解析】 计算过程：[5650/(1+13%)+100]×(1+3%)×(1+3%)= 5411（元/t）。

4. **【2022 年真题】** 某材料从两地采购，采购量分别是 600t 和 400t。采购价（含税）分别为 500 元/t 和 550 元/t。运杂费（含税）分别为 20 元/t 和 25 元/t，运输损耗费率、采购与仓储保管费率为 0.5%、3%，采用“一票制”支付方式，增值税税率为 13%。则该材料的预算单价（不含税）为（　　）元/t。

A. 488.04　　B. 488.11

C. 496.43　　D. 496.51

【解析】 计算过程：[(500+20)÷(1+13%)×(600/1000)+(550+25)÷(1+13%)×(400÷1000)]×(1+0.5%)×(1+3%)= 496.51（元/t）。

5. **【2021 年真题】** 某工程采用二票制支付方式采购某种材料，已知材料原价和运杂费的含税价格分别为 500 元/t、30 元/t，材料运输损耗率、采购及保管费率分别为 1%、3%。材料采购和运输的增值税税率分别为 13%、9%。则该材料的不含税单价为（　　）元。

A. 480.93　　B. 488.94

C. 551.36　　D. 632.17

【解析】 本题考核材料单价的计算。计算过程：[500÷(1+13%)+30÷(1+9%)]×(1+1%)×(1+3%)= 488.94（元）。

6. **【2020 年真题】** 采用“一票制”“二票制”支付方式采购材料的，在进行增值税进项税抵扣时，正确的做法是（　　）。

A. “一票制”下，构成材料价格的所有费用均按货物销售适用的税率进行抵扣

B. “一票制”下，材料原价按货物销售适用税率进行抵扣，运杂费不再进行抵扣

C. “二票制”下，材料原价按货物销售适用税率、运杂费按交通运输适用税率进行抵扣

D. “二票制”下，材料原价按货物销售适用税率，运杂费、运输损耗和采购保管费按交通运输适用税率进行抵扣

【解析】 本题考核材料单价的组成及计算。所谓“二票制”材料，是指材料供应商就收取的货物销售价款和运杂费向建筑业企业分别提供货物销售和交通运输两张发票的材料，在这种方式下，运杂费以接受交通运输与服务适用税率 9%扣除增值税进项税额。所谓“一票制”材料，是指材料供应商就收取的货物销售价款和运杂费合计金额向建筑业企业仅提供一张货物销售发票的材料，在这种方式下，运杂费采用与材料原价相同的方式扣除增值税进项税额。故 C 选项正确。

7. **【2019 年真题】** 某工程采用二票制支付方式采购某种材料，已知材料原价和运杂费的含税价格分别为 500 元/t、30 元/t，材料运输损耗率、采购及保管费率分别为 0.5%、3.5%。材料采购和运输的增值税税率分别为 13%、9%。则该材料的不含税单价为（　　）元。

A. 480.87　　B. 481.47

C. 488.88　　D. 489.49

【解析】 本题考核材料单价的计算。材料单价={(供应价格+运杂费)×[1+运输损耗率（%）]}×[1+采购及保管费费率（%）]。计算过程：[500÷(1+13%)+30÷(1+9%)]×(1+0.5%)×(1+3.5%)=488.88（元/t）。

8. **【2018 年真题】** 某材料原价为 300 元/t，运杂费及运输损耗费合计为 50 元/t，采购及保管费率 3%，则该材料预算单价为（　　）元/t。

A. 350.0　　B. 359.0

C. 360.5　　D. 360.8

【解析】 本题考核材料单价的计算。计算过程：(300+50)×(1+3%)=360.5（元/t）。

9. **【2017 年真题】** 关于材料单价的计算，下列计算公式中正确的是（　　）。

A. (供应价格+运杂费)×(1+运输损耗率)×(1+采购及保管费率)

B. $\dfrac{(\text{供应价格}+\text{运杂费})}{(1+\text{运输损耗率})\times(1+\text{采购及保管费率})}$

C. $\dfrac{(\text{供应价格}+\text{运杂费})\times(1+\text{采购及保管费率})}{(1-\text{采购及保管费率})}$

D. $\dfrac{(\text{供应价格}+\text{运杂费})\times(1+\text{运输损耗率})}{(1-\text{采购及保管费率})}$

【解析】 本题考核材料单价的组成和确定方法。材料单价=（供应价格+运杂费)×(1+运输损耗率)×(1+采购及保管费率)。故 A 选项正确。

10. **【2016 年真题】** 从甲、乙两地采购某工程材料，采购量及有关费用见下表。该工程材料的材料单价为（　　）元/t。

来源	采购量/t	原价+运杂费/(元/t)	运输损耗费（%）	采购及保管费率（%）
甲	600	260	1	3
乙	400	240		

A. 262.08　　B. 262.16

C. 262.42　　D. 262.50

【解析】 本题考核同种材料不同来源加权平均单价的计算。计算过程：（600×260+400×240)÷(600+400)×(1+1%)×(1+3%)=262.16（元/t）。

11. **【2020 年真题】** 下列材料损耗中因损耗而产生的费用包含在材料单价中的有（　　）。

A. 场外运输损耗　　B. 工地仓储损耗

C. 出工地料库后的搬运损耗　　D. 材料加工损耗

E. 材料施工损耗

【解析】 本题考核材料单价的组成内容。材料单价是指建筑材料从其来源地运到施工工地仓库，直至出库形成的综合平均单价，包括场外运输损耗和工地仓储损耗，出库后搬运损耗、加工损耗及施工损耗计入材料消耗量。故 A、B 选项正确。

12. **【2016 年真题】** 关于材料单价的构成和计算，下列说法中正确的有（　　）。

A. 材料单价指材料由其来源地运达工地仓库的入库价

B. 运输损耗指材料在场外运输装卸及施工现场搬运发生的不可避免的损耗

C. 采购及保管费包括组织采购、供应和保管过程中发生的费用

D. 材料单价中包括材料仓储费和工地保管费

E. 材料生产成本的变动直接影响材料单价的波动

【解析】 本题考核材料单价的构成。材料单价是指材料从其来源地到达施工工地仓库后出库的综合平均价格，故 A 选项错误；在材料的运输中应考虑一定的场外运输损耗费用，这是指材料在运输装卸过程中不可避免的损耗，施工现场损耗计入材料消耗量中，故 B 选项错误；C、D、E 选项正确。

考点三、施工机械台班单价的组成和确定方法

13. **【2023 年真题】** 某载重汽车预算价格为 20 万元，可耐用 1000 台班，残值率为 5%，需配司机 1 人。若年制度工作日为 250 天，年工作台班为 200 台班，人工单价为 300 元，该载重汽车的台班折旧费、人工费分别是（　　）元/台班。

A. 190、300　　B. 190、375

C. 200、300　　D. 200、375

【解析】 ① 折旧费：$200000\times(1-5\%)\div1000=190$（元）；② 人工费：$300\times250\div200=375$（元）。

14. **【2022 年补考真题】** 某施工机械配操控人员 2 人，年制度工作日为 250 天，年机械工作台班为 220 台班，人工单价为 100 元/工日，则该施工机械台班单价中含人工费（　　）元。

A. 113.64　　B. 176.00

C. 200.00　　D. 227.27

【解析】 计算过程：$2\times100\times250\div220=227.27$（元）。

15. **【2022 年真题】** 下列与施工机械安拆和进出场费用中，应计入施工机械台班单价的是（　　）。

A. 轻型施工机械现场安装发生的试运转费

B. 固定在车间的施工机械的安装费

C. 安拆复杂、移动需要起重及运输机械的重型施工机械的安拆费

D. 利用辅助设施移动的施工机械，其辅助设施的折旧费

【解析】

安拆费及场外运费	定义	安拆费指施工机械在现场进行安装与拆卸所需的人工、材料、机械和试运转费用以及机械辅助设施的折旧、搭设、拆除等费用
		场外运费指施工机械整体或分体自停放地点运至施工现场或由一施工地点运至另一施工地点的运输、装卸、辅助材料及架线等费用
	计入台班单价	安拆简单、移动需要起重及运输机械的轻型施工机械
		① 一次安拆费应包括施工现场机械安装和拆卸一次所需的人工费、材料费、机械费、安全监测部门的检测费及试运转费 ② 一次场外运费应包括运输、装卸、辅助材料、回程等费用 ③ 运输距离均按平均值 30km 计算
	单独计算	安拆复杂、移动需要起重及运输机械的重型施工机械
		利用辅助设施移动的施工机械，其辅助设施（包括轨道和枕木）等的折旧、搭设和拆除等费用可单独计算
	不需计算	不需安拆的施工机械，不计算一次安拆费
		不需相关机械辅助运输的自行移动机械，不计算场外运费
		固定在车间的施工机械，不计算安拆费及场外运费

16. **【2020 年真题】**一台设备原值 5 万元，使用期内大修 3 次，每维修期运转 400 台班，设备残值 5%。该设备台班折旧费为（　　）。

A. 29.69　　B. 31.25

C. 39.58　　D. 41.67

【解析】 本题考核机械台班单价的构成和计算。计算过程：50000×(1−5%)/(400×4)=29.69（元）。

17. **【2019 年真题】**下列费用项目中属于施工仪器仪表台班单价构成内容的是（　　）。

A. 人工费　　B. 燃料费

C. 检测软件费　　D. 校验费

【解析】 本题考核仪器仪表台班单价的构成。施工仪器仪表台班单价由四项费用组成，但不包括检测软件的相关费用。需要注意与施工机械台班单价的构成区别，见下表：

单价构成	共同部分	不同部分
施工机械台班单价	折旧费、维护费	校验费、动力费
仪器仪表台班单价		检修费、安拆费及场外运费、人工费、燃料动力费、其他费用

18. **【2018 年真题】**关于施工机械台班单价的确定，下列表达式正确的是（　　）。

A. 台班折旧费＝机械原值×(1−残值率)/耐用总台班

B. 耐用总台班＝检修间隔台班×(检修次数+1)

C. 台班检修费=一次检修费×检修次数/耐用总台班

D. 台班维护费=Σ（各级维护一次费用×各级维护次数）/耐用总台班

【解析】 本题考核机械台班单价的计算。A 选项错误，公式中不应用机械原值，应是机械预算价格；B 选项正确；C 选项错误，台班检修费由自行检修和委外检修两部分构成，委外检修费用一般是含税价格，而计算台班单价应用不含税价格，故应考虑除税系数；D 选项错误，台班维护费有两种计算方式，一是以台班检修费为基数取一定的费率，二是选项所列公式，但应考虑委外部分的除税系数，还应考虑临时故障排除费。

19. **【2017 年真题】** 某挖掘机配司机 1 人，若年制度工作日为 245 天，年工作台班为 220 台班，人工工日单价为 80 元，则该挖掘机的人工费为（　　）元/台班。

A. 71.8　　B. 80.0

C. 89.1　　D. 132.7

【解析】 本题考核施工机械台班单价中人工费的计算。计算过程：245/220×80=89.1（元/台班）。

20. **【2016 年真题】** 某大型施工机械预算价格为 5 万元，机械耐用总台班为 1250 台班，大修理周期数为 4，一次大修理费为 2000 元，维护费系数为 60%，机上人工费和燃料动力费为 60 元/台班。不考虑残值和其他有关费用，则该机械台班单价为（　　）元/台班。

A. 107.68　　B. 110.24

C. 112.80　　D. 52.80

【解析】 本题考核台班单价的计算。台班折旧费：50000/1250=40（元/台班）；台班大修理费：2000×(4−1)/1250=4.8（元/台班）；维护费：4.8×60%=2.88（元/台班）；机械台班单价：40+4.8+2.88+60=107.68（元/台班）。

21. **【2023 年真题】** 下列与施工仪器仪表有关的费用中，属于施工仪器仪表台班单价的有（　　）。

A. 折旧费　　B. 维护费

C. 校验费　　D. 检测软件费用

E. 操作人工费

【解析】 施工仪器仪表台班单价由四项费用组成，包括折旧费、维护费、校验费（不包括检测软件的相关费用）、动力费。

22. **【2022 年补考真题】** 下列费用中，应计入施工机械台班单价的有（　　）。

A. 进口施工机械关税

B. 临时故障排除费

C. 大型机械设备进出厂及安拆费

D. 年机械工作台班之外的机械操作人员工资

E. 机械的年检测费

【解析】 B 选项正确，临时故障排除费属于维护费的组成部分；E 选项正确，机械年检测费用属于机械台班单价中其他费用的组成部分。

23. **【2022年真题】** 下列因素中，能够影响人工、材料或施工机具台班单价水平的有（　　）。

A. 社会保障和福利政策　　B. 施工技术水平

C. 施工中必要的材料损耗　　D. 材料的生产成本

E. 施工机械的维护保养水平

【解析】 社会保障及福利政策影响人工单价，材料生产成本影响材料单价，故A、D选项正确；施工技术水平和施工中必要的材料损耗影响材料消耗数量，不影响材料单价，故B、C选项错误。

24. **【2021年真题】** 下列费用项目中属于仪器仪表使用费的有（　　）。

A. 校验费　　B. 折旧费

C. 燃料动力费　　D. 安拆费

E. 检测软件的相关费用

【解析】 略。

25. **【2019年真题】** 下列费用中，不计入机械台班单价而需要单独列项计算的有（　　）。

A. 安拆简单、移动需要起重及运输机械的重型施工机械的安拆费及场外运费

B. 安拆复杂、移动需要起重及运输机械的重型施工机械的安拆费及场外运费

C. 利用辅助设施移动的施工机械的辅助设施相关费用

D. 不需相关机械辅助运输的自行移动机械的场外运费

E. 固定在车间的施工机械的安拆费及场外运费

【解析】 本题考核安拆费及场外运费的组成和确定。A选项错误，安拆简单、移动需要起重及运输机械的轻型施工机械，其安拆费及场外运费计入台班单价；B、C选项正确；D选项错误，不需相关机械辅助运输的自行移动机械，不计算场外运费；E选项错误，固定在车间的施工机械，不计算安拆费及场外运费。

26. **【2017年真题】** 下列费用项目中，构成施工仪器仪表台班单价的有（　　）。

A. 折旧费　　B. 检修费

C. 维护费　　D. 人工费

E. 校验费

【解析】 略。

参考答案

1	2	3	4	5	6	7	8	9	10
D	ABCE	C	D	B	C	C	C	A	B
11	12	13	14	15	16	17	18	19	20
AB	CDE	B	D	A	A	D	B	C	A
21	22	23	24	25	26				
ABC	BE	AD	AB	BC	ACE				

【2025 考点预测】

1. 人工日工资单价的组成及各组成部分内容。
2. 影响人工日工资单价的因素。
3. 材料单价的定义、组成内容及计算。
4. 施工机械台班单价中耐用总台班及折旧费的确定。
5. 施工机械台班单价中检修费、安拆费及场外运费、人工费的计算方法。
6. 仪器仪表台班单价的组成内容。

第五节 工程计价定额的编制

【考点分解】

考点一、预算定额及其基价编制
考点二、概算定额及其基价编制
考点三、概算指标及其编制
考点四、投资估算指标及其编制

【真题实战】

考点一、预算定额及其基价编制

1. **【2023 年真题】** 依据劳动定额编制预算定额人工工日消耗量，已知完成 $10m^3$ 某工作的基本用工 8 个工日、辅助用工 1.5 个工日、超运距用工 0.5 个工日，人工幅度差系数按照 15%考虑，则完成该工作 $10m^3$ 的预算定额人工消耗量为（　　）工日。

A. 10.0　　B. 11.2
C. 11.3　　D. 11.5

【解析】 本题考核预算定额人工工日消耗量的计算。预算定额人工工日消耗量=（基本用工+超运距用工+辅助用工）×(1+人工幅度差系数)；计算过程：(8+1.5+0.5)×1.15=11.5（工日）。

2. **【2019 年真题】** 编制预算定额人工日消耗量时，实际工程现场运距超过预算定额取定运距时的用工应计入（　　）。

A. 超运距用工　　B. 辅助用工
C. 二次搬运费　　D. 人工幅度差

【解析】 本题考核预算定额人工工日消耗量中超运距用工的概念。预算定额中人工工日消耗量由基本用工和其他用工两部分组成，其他用工是历年真题考核重点。其他用工由超运距用工、辅助用工及人工幅度差组成，超运距用工指预算定额包含而劳动定额不包含的材料、半成品从堆放地点到操作地点的水平距离的差额，特别注意，实际运距超过预算定额取定运距时，可计入措施项目费中的二次搬运费，故 C 选项正确；辅助用工指劳动定额不包含而在预算定额中又必须考虑的用工，如机械挖土方配合用工、材料加工、电焊点火工等；人工幅度差指劳动定额不包含而正常施工条件下不可避免又难以准确计量的用工及损失，多与搭接、移动及质量检查有关。

3. **【2018 年真题】** 编制某分项工程预算定额人工工日消耗量时，已知基本用工、辅助用工、超运距用工分别为 20 工日、2 工日、3 工日，人工幅度差系数为 10%，则该分项工程单位人工工日消耗量为（　　）工日。

A. 27.0　　B. 27.2

C. 27.3　　D. 27.5

【解析】 计算过程：(20+2+3)×(1+10%)= 27.5（工日）。

4. **【2018 年真题】** 关于预算定额消耗量的确定方法，下列表述正确的是（　　）。

A. 人工工日消耗量由基本用工量和辅助用工量组成

B. 材料消耗量=材料净用量/1-损耗率

C. 机械幅度差包括了正常施工条件下，施工中不可避免的工序间歇

D. 机械台班消耗量=施工定额机械台班消耗量/1-机械幅度差

【解析】 本题考核预算定额人、材、机消耗量的确定。A 选项错误，人工工日消耗量由基本用工和其他用工组成，其他用工包括辅助用工；B 选项错误，材料消耗量=材料净用量×(1+损耗率)；C 选项正确；D 选项错误，机械台班消耗量=施工定额机械台班消耗量×(1+机械幅度差系数)。

5. **【2017 年真题】** 在计算预算定额人工工日消耗量时，含在人工幅度差内的用工是（　　）。

A. 超运距用工　　B. 材料加工用工

C. 机械土方工程的配合用工　　D. 工种交叉作业相互影响的停歇用工

【解析】 本题考核人工幅度差包含的内容。人工幅度差指劳动定额未包含而施工现场不可避免而又难以准确计量的用工和损失，包括工序搭接、交接、交叉，临时水电转移、质量检验影响的操作时间和不可避免的其他用工，交叉作业导致的停歇用工应包含在人工幅度差中，故 D 选项正确；超运距与人工幅度差同属于其他用工，故 A 选项错误；材料加工用工和机械土方工程配合用工同属于辅助用工，故 B、C 选项错误。

6. **【2017 年真题】** 某挖掘机械挖二类土方的台班产量定额为 100m^3/台班。当机械幅度差系数为 20%时。该机械挖二类土方 1000m^3 预算定额的台班耗用量应为（　　）台班。

A. 8.0　　B. 10.0

C. 12.0　　D. 12.5

【解析】 本题考核预算定额机具台班消耗量的计算。计算过程：台班时间定额：1÷100=0.01（台班/m^3）；机械耗用台班：0.01×(1+20%)= 0.012（台班/m^3），挖 1000m^3 预算定额的台班消耗量=0.012×1000=12.0（台班）。

7. **【2016 年真题】** 完成某分部分项工程 1m^3 需基本用工 0.5 工日，超运距用工 0.05 工

日，辅助用工 0.1 工日。如果人工幅度差系数为 10%，则该工程预算定额人工工日消耗量为（　　）工日/10m^3。

A. 6.05　　B. 5.85

C. 7.00　　D. 7.15

【解析】 本题考核预算定额人工工日消耗量的计算。计算过程：(0.5+0.05+0.1)×(1+10%)×10=7.15（工日/10m^3）。

8. **【2017 年真题】** 确定预算定额人工工日消耗量过程中，应计入其他用工的有（　　）。

A. 材料二次搬运用工

B. 电焊点火用工

C. 按劳动定额规定应增（减）计算的用工

D. 临时水电线移动造成的停工

E. 完成其一分项工程所需消耗的技术工种用工

【解析】 本题考核其他用工的内容。A 选项错误，材料二次搬运工计入措施项目费中的二次搬运费；B 选项正确，电焊点火工计入其他用工当中的辅助用工；C 选项错误，按劳动定额增减的用工计入基本用工；D 选项正确，临时水电线路移动造成的停工计入其他用工中的人工幅度差；E 选项错误，完成分项工程所需消耗的技术工种用工计入基本用工当中的主要用工。

考点二、概算定额及其基价编制

9. **【2020 年真题】** 关于概算定额，下列说法正确的是（　　）。

A. 不仅包括人工、材料和施工机具台班的数量标准，还包括费用标准

B. 是施工定额的综合与扩大

C. 反映的主要内容、项目划分和综合扩大程度与预算定额类似

D. 定额水平体现平均先进水平

【解析】 本题考核概算定额的编制。A 选项正确；B 选项错误，概算定额是预算定额的综合与扩大；C 选项错误，概算定额表达的主要内容、主要方式及基本使用方法都与预算定额相近，不同之处在于项目划分和综合扩大程度上的差异；D 选项错误，概算定额应该贯彻社会平均水平和简明适用的原则。

10. **【2017 年真题】** 概算定额与预算定额的差异主要表现在（　　）的不同。

A. 项目划分　　B. 主要工程内容

C. 主要表达方式　　D. 基本使用方法

【解析】 本题考核概算定额和预算定额的异同点。概算定额表达的主要内容、主要方式及基本使用方法都与预算定额相近；概算定额与预算定额的不同之处，在于项目划分和综合扩大程度上的差异。故 A 选项正确。

11. **【2018 年真题】** 关于概算定额及其编制，下列说法正确的有（　　）。

A. 概算定额表达的主要内容、主要方式及基本使用方法和预算定额相似

B. 概算定额与预算定额的不同之处，在于项目划分和综合扩大程度的差异

C. 概算定额是确定概算指标中各种消耗量的依据

D. 概算定额与预算定额的水平差一般在10%左右

E. 概算定额项目可以按工程结构划分，也可以按工程部位划分

【解析】 本题考核概算定额的特点及编制概算。概算定额与预算定额的相同点在于主要内容、表达方式、基本使用方法相似；不同点在于项目划分和综合扩大程度的差异；概算定额项目的划分，可按工程结构或者工程部位（分部）划分，故A、B、E选项正确；概算指标各种消耗量的确定，主要来自各种预算或者结算资料，并不是依据概算定额编制，故C选项错误；D选项，教材未提及。

考点三、概算指标及其编制

12. **【2022年补考真题】**关于概算指标，下列说法正确的是（　　）。

A. 确定各种消耗量的依据与概算定额相同

B. 按工程类别分为建筑工程概算指标和安装工程概算指标

C. 按表现形式分为综合指标和单项指标

D. 包括经济指标和工程量指标两个部分

【解析】 A选项错误，概算定额以现行预算定额为基础，通过计算之后才能综合确定各种消耗量指标，概算指标各种消耗量指标的确定，主要来自各种预算或结算资料；B选项错误，概算指标按工程类别分为建筑工程概算指标、设备及安装工程概算指标；C选项正确；D选项错误，概算指标的组成内容一般分为文字说明和列表形式两部分，以及必要的附录。

13. **【2018年真题】**关于工程计价定额的概算指标，下列说法正确的是（　　）。

A. 概算指标通常以分部工程为对象

B. 概算指标中各种消耗量指标的确定，主要来自预算或结算资料

C. 概算指标的组成内容一般分为列表形式和必要的附录两部分

D. 概算指标的使用及调整方法，一般在附录中说明

【解析】 本题考核概算指标及其编制。A选项错误，概算指标通常是以单位工程为对象编制的；B选项正确；C选项错误，概算指标的组成内容一般分为文字说明和列表形式两部分以及必要的附录；D选项错误，概算指标允许调整的范围及调整方法应在总说明和分册说明中体现。

考点四、投资估算指标及其编制

14. **【2022年真题】**关于投资估算指标的说法，正确的是（　　）。

A. 编制时要按社会先进水平编制

B. 其范围只涉及建设实施期和竣工验收交付使用期的费用支出

C. 在概算指标的基础上综合扩大编制

D. 可分为建设投资指标、单项工程指标和单位工程指标三个层次

【解析】 A选项错误，投资估算指标要按社会平均水平编制；B选项错误，其范围涉及

建设前期、建设实施期和竣工验收交付使用期等各个阶段的费用支出；C 选项正确；D 选项错误，一般可分为建设项目综合指标、单项工程指标和单位工程指标三个层次。

15. **【2022 年真题】**关于预算定额、概算定额和投资估算指标等各类计价定额的异同点，下列说法正确的有（　　）。

A. 预算定额与概算定额反映的先进水平不同

B. 预算定额与概算定额项目划分与综合扩大程度各有不同

C. 预算定额与概算定额表现形式有所不同

D. 预算定额与概算定额均包含人工、材料、施工机具台班消耗量等内容

E. 概算指标与投资估算指标适用的图纸深度不同

【解析】　A 选项错误，预算定额与概算定额均反映社会平均水平；B、D 选项正确，C 选项错误，概算定额是预算定额的综合与扩大，主要内容、表达的主要方式及基本使用方法都与预算定额相近；E 选项正确，概算指标是初步设计阶段编制概算书、确定工程概算造价的依据，投资估算指标与项目建议书、可行性研究报告的编制深度相适应。

16. **【2020 年真题】**关于投资估算指标，下列说法正确的有（　　）。

A. 以独立的建设项目、单项工程或单位工程为对象

B. 费用和消耗量指标主要来自概算指标

C. 一般分为建设项目综合指标、单项工程指标和单位工程指标三个层次

D. 单位工程指标一般以单位生产能力投资表示

E. 建设项目综合指标表示的是建设项目的静态投资指标

【解析】　本题考核投资估算指标的相关知识点。A 选项正确；B 选项错误，投资估算指标往往根据历史的预、决算资料和价格变动等资料编制，但其编制基础仍然离不开预算定额、概算定额；C 选项正确；D 选项错误，单位工程指标一般以单位实物量投资表示；E 选项错误，建设项目综合指标是指按规定应列入建设项目总投资的从立项筹建开始至竣工验收交付使用的全部投资额，包括单项工程投资、工程建设其他费用和预备费等。

17. **【2016 年真题】**关于投资估算指标反映的费用内容和计价单位，下列说法中正确的有（　　）。

A. 单位工程指标反映建筑安装工程费，以每 m^2、m^3、m、座等单位投资表示

B. 单项工程指标反映工程费用，以每 m^2、m^3、m、座等单位投资表示

C. 单项工程指标反映建筑安装工程费，以单项工程生产能力单位投资表示

D. 建设项目综合指标反映项目固定资产投资，以项目综合生产能力单位投资表示

E. 建设项目综合指标反映项目总投资，以项目综合生产能力单位投资表示

【解析】　本题考核投资估算指标的内容及单位。A 选项正确；B 选项错误，单项工程指标一般以单项工程生产能力单位投资表示；C 选项错误，单项工程指标包括建筑工程费、安装工程费、设备、工器具及生产家具购置费和可能包含的其他费用；D 选项错误，建设项目综合指标反映项目总投资，一般以项目的综合生产能力单位投资表示；E 选项正确。

参考答案

1	2	3	4	5	6	7	8	9	10
D	C	D	C	D	C	D	BD	A	A
11	12	13	14	15	16	17			
ABE	C	B	C	BDE	AC	AE			

【2025 考点预测】

1. 预算定额的编制原则。
2. 预算定额人工工日消耗量的计算、其他用工的组成及详细内容。
3. 预算定额材料消耗量的确定方法及各方法适用范围。
4. 预算定额机械台班消耗量的计算方法及机械幅度差的内容。
5. 概算定额与预算定额的异同点及概算定额手册的组成内容。
6. 概算指标与概算定额编制依据对比。
7. 概算指标的分类及表现形式。
8. 投资估算指标的内容分类及各类指标包含的费用。

第六节　工程计价信息及其应用

【考点分解】

略

【真题实战】

1. **【2023 年真题】** 现从 30 个建设工程造价资料中随机抽取 7 个项目的现浇混凝土矩形梁工程综合单价及工程量，数据见下表。采用数据统计法测算，现浇混凝土矩形梁工程的综合单价指标为（　　）元/m^3。

项目编号	1	2	3	4	5	6	7
综合单价/（元/m^3）	680	770	720	745	805	830	765
工程量/m^3	1200	540	620	600	420	190	570

A. 738　　　　B. 758

C. 759　　　　D. 761

【解析】 计算过程：(680×1200+770×540+720×620+745×600+805×420+830×190+765×570)÷(1200+540+620+600+420+190+570)= 738（元）。

2. **【2023 年真题】** 某地区测算新建医院的造价综合指数，已测得的新建医院的住院楼、医技楼、门诊楼、实验楼、其他建筑的造价指数及总投资额见下表。若基期价格指数为 1.00，则该地区新建医院的造价综合指数为（　　）。

类别	住院楼	医技楼	门诊楼	实验楼	其他建筑
单项工程造价指数	1.08	1.10	1.05	1.03	1.04
总投资/亿元	6	4	5	2	3

A. 1.060　　B. 1.066

C. 1.075　　D. 1.077

【解析】 计算过程：(1.08×6+1.1×4+1.05×5+1.03×2+1.04×3)÷(6+4+5+2+3)=1.066。

3. **【2023 年真题】** 根据《建设工程造价指标指数分类与测算标准》，按照用途的不同，建设工程造价指标可以分为（　　）。

A. 投资估算、设计概算、施工图预算、工程结算和竣工决算指标

B. 工程经济指标、工程量指标、工料价格与消耗量指标

C. 建设项目总投资指标和建设项目投资明细指标

D. 人材机市场价格指标、单项工程造价指标和建设工程造价综合指标

【解析】

工程造价指标体系及其分类		
概念	指建设工程整体或局部在某一时间、地域一定计量单位的造价水平或人材机消耗量的数值	
分类	按层级	建设项目总投资指标：以建设项目为单位计算的总金额、总指标，是建设项目全部费用的指标。各类费用分别计算得出单位造价、造价占比并汇总
		建设项目投资明细指标：由多个单位工程或多个层级子项逐项计算得出同层级的单位造价、造价占比，由多个单位工程或多个层级子项汇总成单项工程的单位造价、造价占比，由多个单项工程汇总成建设项目的单位造价、造价占比等
	按用途	工程经济指标、工程量指标、工料价格指标及消耗量指标

4. **【2022 年补考真题】** 现从 30 个建设工程造价数据中随机抽取 7 个项目的商品混凝土的材料单价及消耗量，数据见下表。采用数据统计法测算，该商品混凝土单价指标是（　　）元/m^3。

项目编号	1	2	3	4	5	6	7
材料单价/(元/m^3)	400	350	475	500	450	550	525
消耗量/m^3	2500	3000	4000	1500	2000	2000	5000

A. 464.29　　B. 466.25

C. 470.00　　D. 478.33

【解析】 计算过程：(400×2500+350×3000+475×4000+500×1500+450×2000+550×2000+525×5000)÷(2500+3000+4000+1500+2000+2000+5000)=466.25（元/m^3）。特别注意，运

用数据统计法计算建设工程经济指标、工程量指标、工料消耗量指标时，需要去掉从序列两端各去掉 5%的边缘项目，边缘项目不足 1 时按 1 计算，剩下的样本采用加权平均计算。建设工程单价指标不需要从序列两端各去掉 5%的边缘项目。

5. **【2022 年补考真题】**某地 2022 年上半年发布的人工单价见下表。若以 2022 年 3 月为基期（基期价格指数为 100），则 2022 年 4、5 月的人工费价格指数分别是（　　）。

月份	1	2	3	4	5	6
人工单价/(元/工日)	100	105	110	121	116	110

A. 121.00、116.00　　B. 110.00、105.45

C. 121.00、95.86　　D. 115.24、110.48

【解析】 计算过程：4 月份 = 121÷110 = 110.00；5 月份 = 116÷110 = 105.45。

6. **【2022 年真题】**现有 30 个某类建设工程造价数据，随机抽取 7 个项目的造价及相关数据如下表所示。采用数据统计法测算该类工程造价指标为（　　）元/m^2。

项目编号	1	2	3	4	5	6	7
造价数据（单方造价，元/m^2）	2000	1800	1900	1850	2050	2200	1950
建设规模（建筑面积，m^2）	10 万	10 万	10 万	20 万	30 万	50 万	30 万

A. 1980　　B. 1960

C. 1870　　D. 2069

【解析】 本题整体思路：两端各去掉边缘项目 5%，不足 1 时按 1 计算，即去掉造价数据为 1800 和 2200 的两个指标，然后以建设规模加权平均。计算过程：(2000×10+1900×10+1850×20+2050×30+1950×30)÷(10+10+20+30+30) = 1960（元/m^2）。

7. **【2022 年真题】**某地区新建学校的教学楼、宿舍楼、实验楼、办公楼、其他建筑的报告期指数及相关投资数据见下表。如学校项目基期造价综合指数为 1，则其报告期的建设工程造价综合指数是（　　）。

指标指数	建筑类别				
	教学楼	宿舍楼	实验楼	办公楼	其他建筑
总投资/亿元	28	36	3	1	2
报告期单项工程造价指数	1.1	1.05	1.3	1.15	1.2

A. 1.07　　B. 1.10

C. 1.09　　D. 1.08

【解析】 (28×1.1+36×1.05+3×1.3+1×1.15+2×1.2)÷(28+36+3+1+2) = 1.086≈1.09，故 C 选项正确。

8. **【2020 年真题】** 2020 年某水泥厂建设工程的建筑安装工程造价为 7.31 亿元。其中，矿山工程造价为 7800 万元，定额编制期间类似项目的矿山工程造价为 6000 万元。该水泥厂建设工程造价综合指数为 1.20，则该矿山工程的造价指数是（　　）。

A. 1.30　　B. 0.77

C. 0.92　　D. 1.56

【解析】 本题考核单项工程造价指数的编制。单项工程造价指数为单项工程报告期和基期的造价指标（价格之比）。计算过程：7800÷6000＝1.30。

9. **【2020 年真题改编】** 关于工程造价指标，下列说法正确的是（　　）。

A. 按层级不同，可分为建设项目总投资指标和单项工程投资指标

B. 工程造价指标测算时，部分数据可通过理论推测获得

C. 工程特征描述时，开竣工日期为必须描述信息

D. 汇总计算法计算工程造价指标时，应采用加权平均的方法

【解析】 本题考核造价指标的分类和计算。A 选项错误，按照工程造价指标层级的不同，建设工程造价指标可分为建设项目总投资指标和建设项目投资明细指标；B 选项错误，用于测算指标的数据，无论是整体数据还是局部数据，必须都采集实际的工程数据；C 选项错误，可选择描述的特征还包括变化率、开竣工日期、工程承包模式、资金来源等；D 选项正确，汇总计算法计算工程造价指标时，应以建设规模加权平均计算。

10. **【2019 年真题】** 工程造价指标测算中，各类造价数据的时间需符合造价指标的时间要求。下列造价数据的时间选取符合规定的是（　　）。

A. 投资估算采用投资估算书编制完成日期

B. 最高投标限价采用投标截止日期

C. 合同价采用合同签订日期

D. 结算价采用工程结算日期

【解析】 本题考核工程造价指标测算时应采用的时间。投资估算、设计概算、最高投标限价应采用成果文件编制完成日期，合同价应采用开工日期，结算价应采用工程竣工日期。

11. **【2019 年真题】** 关于工程造价指数的计算，下列表达式正确的是（　　）。

A. 材料费价格指数＝Σ（同期各种材料单价×各种材料费用/所有材料费用之和）

B. 单位工程价格指数＝Σ（同期工程价格指数×各分部工程费用/单位工程费用）

C. 单项工程造价指数＝报告期单项工程造价指标/基期单项工程造价指标

D. 建设工程造价综合指数＝报告期建设工程造价综合指标/基期建设工程造价综合指标

【解析】 本题考核工程造价指数的编制。工程造价指数分为三类：一是工料机市场价格指数，即报告期单价与基期单价的比值；二是单项工程造价指数，即报告期单项工程造价指标与基期单项工程造价指标的比值；三是建设工程造价综合指数，即同期各单项工程造价指数乘以相应总投资额之和与各单项工程总投资额之和的比值。

12. **【2018 年真题】** 下列工程造价信息中，最能体现市场机制下信息动态性变化特征的是（　　）。

A. 工程价格信息　　B. 政策性文件

C. 计价标准　　D. 工程定额

【解析】 本题考核工程计价信息动态性的特点。工程计价信息需要经常不断地收集和补充新的内容，进行信息更新，真实反映工程造价的动态变化。

13. 【2017 年真题改编】建筑材料大多重量大、体积大、产地远离消费地点，因而运输量大，费用也较高，尤其不少建筑材料本身的价值或生产价格并不高，但所需要的运输费用却很高，这体现了工程造价信息管理应遵循的（　　）原则。

A. 区域性　　B. 多样性

C. 季节性　　D. 专业性

【解析】 本题考核工程计价信息的特点。某些建筑材料本身的价值或生产价格并不高，但所需要的运输费用却很高，这都在客观上要求尽可能就近使用建筑材料。因此，这类建筑信息的交换和流通往往限制在一定的区域内，体现了工程计价信息区域性的特点。

14. 【2023 年真题】根据《建筑工程造价指标指数分类与测算标准》，关于房屋建筑工程造价指标的特征信息，下列说法正确的有（　　）。

A. 建设项目特征信息包括基本信息和面积信息

B. 一级或三级分类的工程需要描述分类特征信息

C. 必须描述的项目特征信息包括工程所在地、开竣工日期和资金来源等

D. 必须描述的通用特征信息包括建设性质、结构类型、抗震等级、建筑面积等

E. 居住建筑必须描述的分类特征信息包括建筑分类、高度类型、建筑档次等

【解析】 对于房屋建筑工程而言，通常包括基本信息和面积信息两部分。基本信息中，工程特征分类（民用建筑、工业建筑或构筑物）、项目所在地、造价类型（投资估算、设计概算、最高投标限价、投标报价、合同价、工程结算、竣工决算等）以及建筑安装造价是否含税为必须描述的项目特征，其余可选择描述的特征还包括变化率、开竣工日期、工程承包模式、资金来源等；面积信息中必须描述的项目特征主要是建筑面积，其余可选择描述的项目特征还包括红线内室外面积、人防建筑面积、停车场面积等。故 C 选项错误。

15. 【2022 年补考真题】关于数字技术的应用对工程造价领域带来的推动作用，下列说法正确的有（　　）。

A. 降低对造价人员分析能力的要求

B. 便于实现造价咨询成果数字化共享

C. 实现对人、材、机消耗的现场跟踪和测定

D. 推动全过程动态造价管理

E. 自动完成现场签证、变更、索赔的处理

【解析】 A 选项错误，数字技术让造价编制工作在提质增效的前提下，促使造价人员将更多的精力投入造价控制工作之中，实现从造价编制向造价控制的转变；E 选项错误，数字技术并不能自动完成现场签证、变更、索赔的处理。

16. 【2021 年真题】关于建设工程造价综合指数的计算方法，下列说法正确的是（　　）。

A. 报告期与基准期建设工程造价的比值计算

B. 报告期与基期各类单项工程造价指数之和的比值计算

C. 用同期各类单项工程造价指数汇总计算

D. 用同期各类单项工程造价指数加权汇总计算

【解析】 本题考核建设工程造价综合指数的计算方法。建设工程造价综合指数的编制是在单项工程造价指数编制结果的基础上，将不同专业类型的单项工程造价指数以投资额为权重加权汇总后编制完成的。故D选项正确。

17. **【2020年真题改编】**按照用途的不同，建设工程造价指标可分为（　　）。

A. 建设项目投资明细指标

B. 工程经济指标

C. 工程量指标

D. 建设项目总投资指标

E. 工料价格与消耗量指标

【解析】 按照工程造价指标层级的不同，建设工程造价指标可分为建设项目总投资指标和建设项目投资明细指标；按照用途的不同，建设工程造价指标可以分为工程经济指标、工程量指标、工料价格与消耗量指标。故B、C、E选项正确。

18. **【2019年真题】**建设工程造价指标测算常用的方法包括（　　）。

A. 数据统计法

B. 现场测算法

C. 典型工程法

D. 写实记录法

E. 汇总计算法

【解析】 本题考核工程造价指标的测算方法。建设工程造价指标测算方法主要包括数据统计法、典型工程法和汇总计算法。当样本数量达到数据采集最少样本数量时，应采用数据统计法；当样本数量达不到要求时，应采用典型工程法；当需要采用下一层级造价指标汇总计算上一层级造价指标时，应采用汇总计算法。故A、C、E选项正确。

参考答案

1	2	3	4	5	6	7	8	9	10
A	B	B	B	B	B	C	A	D	A
11	12	13	14	15	16	17	18		
C	A	A	ABDE	BCD	D	BCE	ACE		

【2025考点预测】

1. 工程计价信息的主要内容。
2. 价格信息的分类及材料价格信息、施工机具价格信息包括的内容。
3. 工程造价指数的内容。
4. 工程造价指标的分类及编制造价成果文件时采用指标的时间。
5. 工程造价指标的测算方法分类、适用范围及计算。
6. 工程造价指数的分类及各指数的计算公式。

第三章　建设项目决策和设计阶段工程造价的预测

第一节　投资估算的编制

【考点分解】

考点一、项目决策阶段影响工程造价的主要因素
考点二、投资估算的编制

【真题实战】

考点一、项目决策阶段影响工程造价的主要因素

1. **【2022 年补考真题】** 关于项目决策阶段工程方案选择应满足的基本要求，下列说法正确的是（　　）。

A. 技术对原材料的适应性要求
B. 工程布置对已选定场址的适应性要求
C. 技术对产品质量性能的保证要求
D. 工艺流程各工序间衔接合理性的要求

【解析】 本题考核工程方案选择应满足的基本要求。A、C、D 选项所述内容均为技术方案所考虑的内容。故 B 选项正确。

2. **【2022 年真题】** 在项目决策阶段，环境治理方案比选中的技术水平对比，主要是比较（　　）。

A. 选用设备的先进性、可靠性　　B. 环境治理效果
C. 管理与监测水平　　D. 环保费用与效益

【解析】 环境治理方案比选的主要内容包括技术水平对比、治理效果对比、管理及监测方式对比和环境效益对比；其中技术水平对比包括分析对比不同环境保护治理方案所采用的技术和设备的先进性、适用性、可靠性和可得性。故 A 选项正确。

3. **【2020 年真题】** 确定建设项目建设规模需考虑的首要因素是（　　）。

A. 建设地点　　B. 产品需求市场
C. 生产成本　　D. 建造方案

【解析】 本题考核投资估算阶段确定建设规模需要考虑的因素。市场因素是确定建设规模需考虑的首要因素，市场需求状况是确定项目生产规模的前提。故B选项正确。

4.【**2020年真题**】关于项目决策与工程造价的关系，下列说法正确的是（ ）。

A. 项目不同决策阶段的投资估算精度要求是一致的

B. 项目决策的内容与工程造价无关

C. 项目决策的正确性不影响设备选型

D. 工程造价的金额影响项目决策的结果

【解析】 本题考核投资估算与项目决策的关系。A选项错误，项目不同决策阶段的投资估算精度要求不同；B选项错误，项目决策的内容是决定工程造价的基础；C选项错误，项目决策的正确性是工程造价合理性的前提；D选项正确。

5.【**2019年真题**】在进行建设厂址多方案全寿命周期技术经济分析时，应计入项目投产后生产经营费用的是（ ）。

A. 拆迁补偿费　　B. 生活设施费

C. 动力设施费　　D. 原材料运输费

【解析】 本题考核项目建设地点选择时的费用分析。费用分析时应具有全寿命周期的理念，分析项目投资费用和项目投产后生产经营费用；拆迁补偿费、生活设施费和动力设施费均属于项目投资费用；原材料运输费属于项目投产后生产经营费用，故D选项正确。

6.【**2018年真题**】关于项目建设规模，下列说法正确的是（ ）。

A. 建设规模越大，产生的效益越高

B. 国家不对行业的建设规模设定规模界限

C. 资金市场条件对建设规模的选择起着制约作用

D. 技术因素是确定建设规模需考虑的首要因素

【解析】 本题考核项目建设规模的影响因素。制约建设规模合理化的主要因素有市场因素、技术因素和环境因素。A选项错误，并不是建设规模越大产生的效益越高，规模的大小需结合上述因素力求达到规模经济；B选项错误，为防止项目效率低下和资源浪费，国家对某些行业的项目规定规模界限；C选项正确；D选项错误，确定建设规模首要考虑的因素是市场因素，在技术因素中，生产技术和技术装备是项目规模效益生存的基础，管理技术水平是实现规模效益的保证。

7.【**2018年真题**】关于工业项目建设地点的选择，下列说法正确的是（ ）。

A. 应远离其他工业项目，减少环境保护费用

B. 应远离铁路、公路、水路，减少运营干扰

C. 应靠近城镇和居民密集区，减少生活设施费

D. 应少占耕地，降低土地补偿费用

【解析】 本题考核选择建设地点的要求：①节约土地，少占耕地，降低土地补偿费用；②减少拆迁移民数量；③应尽量选在工程地质、水文地质条件较好的地段；④要有利于

厂区合理布置和安全运行；⑤应尽量靠近交通运输条件和水电供应等条件好的地方；⑥应尽量减少对环境的污染。因此，A 选项错误，应与其他工业项目适当聚集，从而发挥集聚效应；B 选项错误，应靠近交通运输条件好的地方，减少运输费用；C 选项错误，某些污染严重、易燃易爆项目应远离居民区；D 选项正确。

8. **【2018 年真题改编】** 关于建设项目投资估算的编制，下列说法正确的是（　　）。

A. 应满足控制施工图预算的要求

B. 应做到费用构成齐全，并适当降低估算标准，节省投资

C. 项目建议书阶段的投资估算精度误差应控制在±20%以内

D. 应对影响造价变动的因素进行敏感性分析

【解析】 本题考核投资估算的编制要求。A 选项错误，投资估算的精度需要满足控制初步设计概算要求，而不是施工图预算；B 选项错误，投资估算的工程内容和费用构成要齐全、不重不漏，但不能为了节省投资而降低估算标准，应力求计算合理而不提高或降低；C 选项错误，项目建议书阶段的投资估算的精度误差应控制在±30%以内；D 选项正确。

9. **【2017 年真题】** 项目决策阶段对环境治理方案进行技术经济比较时，不作为比较内容的是（　　）。

A. 技术水平对比　　　　B. 管理及监测方式对比

C. 安全生产条件对比　　D. 环境效益对比

【解析】 略。

10. **【2017 年真题】** 关于项目投资估算的作用，下列说法中正确的是（　　）。

A. 项目建议书阶段的投资估算，是确定建设投资最高限额的依据

B. 可行性研究阶段的投资估算，是项目投资决策的重要依据，不得突破

C. 投资估算不能作为制定建设贷款计划的依据

D. 投资估算是核算建设项目固定资产需要额的重要依据

【解析】 本题考核项目投资估算的作用。A 选项错误，可行性研究阶段是投资决策的依据，政府投资的项目可行性研究报告被批准后，投资估算额是设计任务书的投资限额，不得随意突破；B 选项错误，项目可行性研究阶段的投资估算为设计任务书中下达的投资限额，即建设项目投资的最高限额，不能随意突破；C 选项错误，可作为资金筹措和制定贷款计划的依据；D 选项正确。

11. **【2017 年真题】** 关于我国项目前期阶段投资估算的精度要求，下列说法中正确的是（　　）。

A. 项目建议书阶段，允许误差超过±30%

B. 投资设想阶段，要求误差控制在±30%以内

C. 预可行性研究阶段，要求误差控制在±20%以内

D. 可行性研究阶段，要求误差控制在±15%以内

【解析】 本题考核投资估算的阶段划分与精度要求，详见下表。

国外			国内	
阶段划分	适用情形	精度要求	阶段划分	精度要求
投资设想	无工艺流程图、平面布置图、设备分析	±30%（毛估）	规划、建议书	±30%
机会研究	初步工艺流程图、主要生产设备生产能力、地理位置条件	±30%（粗估）	预可研	±20%
初步可研	设备规格表、主要生产设备的生产能力和尺寸、总平面布置、建筑物大致尺寸、公用设施初步位置条件	±20%（初估）	可研	±10%
详细可研	细节清楚，但工程图纸和技术说明尚不完备	±10%（确估）	—	—
工程设计	全部设计图纸、技术说明、材料清单、现场勘察资料	±5%（详估）	—	—

12. **【2016 年真题】**建设项目投资决策阶段，在技术方案中选择生产方法时应重点关注（　　）。

A. 是否选择了合理的物料消耗定额　　B. 是否符合工艺流程的柔性安排

C. 是否使工艺流程中的工序合理衔接　　D. 是否符合节能清洁要求

【解析】 本题考核技术方案的选择内容。选择技术方案时，分为选择生产方法和工艺流程。选择生产方法时，应注意以下四个方面：先进适用、与原材料相适应、技术来源的可得性及引进技术费用、节能环保；选择工艺流程时，应注意以下五个方面问题：质量保证程度、工序合理衔接、物料消耗定额先进合理、研究主要工艺参数、保证工艺流程的柔性安排。故 D 选项正确。

13. **【2023 年真题】**关于利用指标估算法进行投资估算，下列说法正确的有（　　）。

A. 应根据不同地区、建设年代、施工条件等进行价格调整

B. 可以以工程量为依据进行价格调整

C. 可以以人工、主要材料消耗量为依据进行价格调整

D. 应根据工艺流程、定额、价格等的分析结果进行指标调整与换算

E. 工程建设其他费的估算指标无须调整

【解析】 影响投资估算精度的因素主要包括价格变化、现场施工条件、项目特征的变化等。因而，在应用指标估算法时，应根据不同地区、建设年代、条件等进行调整。因为地区、年代不同，人工、材料与设备的价格均有差异，调整方法可以以人工、主要材料消耗量或“工程量”为计算依据，也可以按不同的工程项目的“万元工料消耗定额”确定不同的系数。在有关部门颁布定额或人工、材料价差系数（物价指数）以及其他各类工程造价指数时，可以据其调整。使用估算指标法进行投资估算绝不能生搬硬套，必须对工艺流程、定额、价格及费用标准进行分析，经过实事求是的调整与换算后，才能提高其精确度。故 A、B、C、D 选项正确。

14. **【2017 年真题】**在技术改造项目中，可采用生产能力平衡法来确定合理生产规模。

下列属于生产能力平衡法的有（　　）。

A. 盈亏平衡产量分析法　　B. 平均成本法

C. 最小公倍数法　　D. 最大工序生产能力法

E. 设备系数法

【解析】　本题考核项目合理建设规模的确定，包括盈亏平衡产量分析法、平均成本法、生产能力平衡法、政府或者行业规定四种方法。其中，生产能力平衡法又有最大工序生产能力法和最小公倍数法。设备系数法是建议书阶段估算静态投资的方法之一。故 C、D 选项正确。

考点二、投资估算的编制

15. **【2023 年真题】** 某地 2023 年拟建一年产 30 万 t 工业产品项目。该地区 2020 年建成的年产 20 万 t 同类产品项目的主要设备购置费为 6000 万元，建筑安装工程费占主要设备购置费的比例为 70%。若该地区 2020 年至 2023 年工程造价年均递增 4%，预计建设期两年内造价年均上涨率为 5%，则该项目的工程费用估算为（　　）万元（生产能力指数为 0.8）。

A. 13768　　B. 15554

C. 15870　　D. 17497

【解析】　本题考核生产能力指数法的应用。计算过程：$6000\times(1+70\%)\times(30\div20)^{0.8}\times(1+4\%)^{3}=15870$（万元）。

16. **【2023 年真题】** 关于投资决策阶段对工艺设备安装费的估算，下列说法正确的是（　　）。

A. 以单位工程为估价单元进行估算

B. 不包括安装主材费

C. 可按设备原价为基数，乘以安装费费率进行估算

D. 以“m^3”或“m^2”为单位，套用投资估算指标进行估算

【解析】　本题考核决策阶段工艺设备安装费的估算，详见下表。

安装工程费估算	工艺设备安装费估算	安装工程费＝设备原价×设备安装费率 安装工程费＝设备吨重×单位重量（t）安装费指标
	工艺非标准件、金属结构和管道	安装工程费＝重量总量×单位重量安装费指标
	工业炉窑砌筑和保温工程	安装工程费＝重量（体积、面积）总量×单位重量（“m^3”“m^2”）安装费指标
	电气设备及自控仪表	安装工程费＝设备工程量×单位工程量安装费指标

17. **【2023 年真题】** 关于投资决策阶段对流动资金的估算，下列说法正确的是（　　）。

A. 在确定各类资产和负债的最低周转天数时应考虑适当的保险系数

B. 流动资金借款利息应计入建设期贷款利息

C. 在项目计算期末收回全部流动资金（含利息）

D. 用扩大指标估算法计算流动资金应在经营成本估算前进行

【解析】 本题考核流动资金的估算。A 选项正确；B、C 选项错误，流动资金利息应计入生产期间财务费用，项目计算期末收回全部流动资金（不含利息）；D 选项错误，用扩大指标估算法计算流动资金，可能需以经营成本及其中的某些科目为基数，因此实际上流动资金估算应在经营成本估算之后进行。

18. **【2022 年补考真题】** 某地 2022 年拟建一年产 30 万 t 化工产品项目，已知主要工艺设备投资估算为 8000 万元。该地区 2020 年建成的年产 20 万 t 同类产品项目的各专业工程费为 4000 万元。若该地区 2020 年至 2022 年工程造价年均递增 5%，则该项目的工程费用投资估算应为（　　）万元（生产能力指数为 1）。

A. 14000　　B. 14615

C. 15435　　D. 19845

【解析】 计算过程：$8000+4000\times(30\div20)\times(1+5\%)^2=14615$（万元）。

19. **【2022 年补考真题】** 关于安装工程费投资估算，下列说法正确的是（　　）。

A. 工艺金属结构以“m^3”为单位进行估算

B. 工艺非标准件以“套”为单位进行估算

C. 工艺非标准件以“套”为单位进行估算，工业炉窑砌筑和保温工程按“m”为单位进行估算

D. 工艺设备安装费以“t”为单位进行估算

【解析】 略。

20. **【2022 年补考真题】** 关于流动资金的分项详细估算，下列计算公式正确的是（　　）。

A. 流动资金=预付账款+存货+库存现金

B. 预付账款=年经营成本/预付账款周转次数

C. 流动负债=应付账款+预收账款

D. 现金=年工资福利费/现金周转次数

【解析】 详见下表。

<table>
<tr><td rowspan="7">流动资产</td><td colspan="2">应收账款</td><td>年经营成本/周转次数</td></tr>
<tr><td colspan="2">预付账款</td><td>外购商品或服务年费用金额/周转次数</td></tr>
<tr><td rowspan="4">存货</td><td>外购原材料、燃料</td><td>外购原材料、燃料=年外购原材料、燃料/周转次数</td></tr>
<tr><td>其他材料</td><td>年其他材料费用/其他材料周转次数</td></tr>
<tr><td>在产品</td><td>（年外购原材料、燃料费+年工资及福利费+年其他制造费用）/周转次数</td></tr>
<tr><td>产成品</td><td>（年经营成本-年其他营业费用）/周转次数</td></tr>
<tr><td colspan="2">库存现金</td><td>（年工资福利费+年其他费用）/现金周转次数</td></tr>
<tr><td rowspan="2">流动负债</td><td colspan="2">应付账款</td><td>（外购原材料、燃料动力费及其他材料年费用）/周转次数</td></tr>
<tr><td colspan="2">预收账款</td><td>预收的营业收入年金额/周转次数</td></tr>
</table>

21. **【2022 年真题】** 某地 2022 年拟建一年产 40 万 t 的化工产品项目，设备购置费估算为 6000 万元，该地区 2019 年已建 20 万 t 相同产品项目的建安工程费为 6000 万元。该地区

2019 年至 2022 年设备购置费、建安工程费年均分别递增 3%、4%。若生产能力指数为 0.6，则该拟建项目的工程费用投资估算应为（　　）万元。

A. 16229.85　　B. 16786.21

C. 20167.44　　D. 20459.70

【解析】 计算过程：$6000\times(40\div20)^{0.6}\times(1+4\%)^{3}+6000=16229.85$（万元）。

22.【2021 年真题】某地 2021 年拟建一座年产 30 万 t 某产品的化工厂。根据调查，该地区 2018 年已建年产 20 万 t 相同产品项目的建筑工程费为 6000 万元，安装工程费为 3000 万元，设备购置费为 10000 万元。已知按 2021 年该地区价格计算的拟建项目设备购置费为 12000 万元，工程建设其他费为 5000 万元，且该地 2018 年至 2021 年建筑安装工程费平均每年递增 3%，则该拟建项目的静态投资估算为（　　）万元（生产能力指数为 1）。

A. 27800.0　　B. 28801.5

C. 31752.0　　D. 36143.0

【解析】 计算过程：$(6000+3000)\times(30\div20)\times(1+3\%)^{3}+12000+5000=31752$（万元）。

23.【2021 年真题】按照形成资产法编制建设投资估算表，生产准备费应计入（　　）。

A. 固定资产费用　　B. 固定资产其他费用

C. 无形资产费用　　D. 其他资产费用

【解析】 本题考核形成资产法编制建设投资估算。按照形成资产法分类，建设投资由形成固定资产的费用、形成无形资产的费用、形成其他资产的费用和预备费四部分组成。固定资产费用是指项目投产时将直接形成固定资产的建设投资，包括工程费用和工程建设其他费用中按规定将形成固定资产的费用，后者被称为固定资产其他费用，主要包括项目建设管理费、工程项目咨询费、场地准备及临时设施费、工程保险费、联合试运转费、特殊设备安全监督检验费和市政公用设施费等；无形资产费用是指将直接形成无形资产的建设投资，主要是专利权、非专利技术、商标权、土地使用权和商誉等；其他资产费用是指建设投资中除形成固定资产和无形资产以外的部分，如生产准备费等。故 D 选项正确。

24.【2020 年真题】关于投资估算中建设投资估算的构成，下列说法正确的是（　　）。

A. 由工程费用和建设期利息估算构成

B. 由工程费用、预备费和建设期利息估算构成

C. 由建筑安装工程费用、工程建设其他费用和预备费估算构成

D. 由工程费用、工程建设其他费用和预备费估算构成

【解析】 本题考核估算建设投资时的费用构成。按照概算法分类，建设投资由工程费用、工程建设其他费用和预备费三部分构成。故 D 选项正确。

25.【2020 年真题】某拟建项目，建筑安装工程费为 11.2 亿元，设备及工器具购置费为 33.6 亿元，工程建设其他费为 8.4 亿元，项目建设管理费为 3 亿元，基本预备费费率为 5%，则拟建项目基本预备费为（　　）亿元。

A. 0.56　　　　B. 2.24

C. 2.66　　　　D. 2.81

【解析】 本题考核投资估算阶段基本预备费的计算。计算过程：（11.2+33.6+8.4）×5%=2.66（亿元）。

26. 【2019 年真题】某地 2019 年拟建一座年产 40 万 t 某产品的化工厂。根据调查，该地区 2017 年已建年产 30 万 t 相同产品项目的建筑工程费为 4000 万元，安装工程费为 2000 万元，设备购置费为 8000 万元。已知按 2019 年该地区价格计算的拟建项目设备购置费为 9500 万元，征地拆迁等其他费用为 1000 万元，且该地 2017 年至 2019 年建筑安装工程费平均每年递增 4%，则该拟建项目的静态投资估算为（　　）万元。

A. 16989.6　　　　B. 18206.4

C. 17910.0　　　　D. 19152.8

【解析】 本题考核系数估算法。计算过程：①建筑工程费占比 = 4000÷8000 = 50%；②安装工程费占比 = 2000÷8000 = 25%；③静态投资 = $9500\times[1+(50\%+25\%)\times(1+4\%)^2]+1000=18206.4$（万元）。

27. 【2019 年真题】若外币对人民币贬值，则关于该汇率变化对涉外项目投资额的影响，下列说法正确的是（　　）。

A. 从国外市场购买材料，所支付的外币金额减少

B. 从国外购买材料，换算成人民币所支付的金额减少

C. 从国外借款，本息所支付的外币金额增加

D. 从国外借款，换算成人民币所支付的本息金额增加

【解析】 本题考核汇率变化对涉外项目的投资额产生的影响。分析支付给国外主体货币时基于一个前提条件，即外币的金额是不变的，如果外币对人民币升值，则换算成人民币金额增加；反之，如果外币对人民币贬值，则换算成人民币的金额减少。故 B 选项正确。

28. 【2019 年真题】某项目根据《建设项目投资估算编审规程》规定，采用概算法编制的估算中，工程费用为 8000 万元，工程建设其他费用为 800 万元，基本预备费为 880 万元，价差预备费为 120 万元，建设期利息为 200 万元，流动资金为 100 万元，则该项目建设投资估算为（　　）万元。

A. 9680　　　　B. 9800

C. 10000　　　　D. 10100

【解析】 本题考核运用概算法编制建设投资。按照概算法分类，建设投资分为工程费用、工程建设其他费和预备费。与教材第一章第一节知识点相联系，很容易判断出建设期利息和流动资金不属于建设投资范围。计算过程：8000+800+(880+120)= 9800（万元）。

29. 【2018 年真题】某地 2017 年拟建一座年产 20 万 t 的化工厂，该地区 2015 年建成的年产 15 万 t 相同产品的类似项目实际建设投资为 6000 万元。2015 年和 2017 年该地区的工程造价指数（定基指数）分别为 1.12 和 1.15，生产能力指数为 0.7，预计该项目建设期的两年内工程造价仍将年均上涨 5%，则该项目的静态投资为（　　）万元。

A. 7147.08　　　　B. 7535.09

C. 7911.84　　　　D. 8307.43

【解析】 计算过程：$6000\times(20\div15)^{0.7}\times(1.15\div1.12)=7535.09$（万元）。值得注意的是，题干中已知建设期内工程造价上涨率是干扰项，该条件是计算项目价差预备费的条件。

30. **【2018 年真题】** 采用分项详细估算法进行流动资金估算时，应计入流动负债的是（　　）。

A. 预收账款　　　　B. 存货

C. 库存资金　　　　D. 应收账款

【解析】 本题考核流动资金的组成内容。流动资金=流动资产-流动负债；流动资产由应收账款、预付账款、现金和存货四部分组成；流动负债由应付账款和预收账款组成。故 A 选项正确。

31. **【2018 年真题改编】** 某建设项目投资估算中，建设管理费 2000 万元，可行性研究费 100 万元，勘察设计费 5000 万元，工程项目咨询费 400 万元。市政公用设施建设及绿化费 2000 万元，专利权使用费 200 万元，非专利技术使用费 100 万元，生产准备费 500 万元，则按形成资产法编制建设投资估算表，计入固定资产其他费、无形资产费用和其他资产费用的金额分别为（　　）。

A. 0 万元、300 万元、0 万元　　　　B. 0 万元、700 万元、0 万元

C. 9500 万元、300 万元、500 万元　　　　D. 9100 万元、700 万元、500 万元

【解析】 本题考核运用形成资产法编制建设投资估算表。按形成资产法分类，建设投资由固定资产、无形资产、其他资产和预备费四部分组成。工程费用一定形成固定资产，而工程建设其他费形成三类资产，其中专利权、非专利技术、土地使用权及商誉等形成无形资产，生产准备费形成其他资产，其余大部分形成固定资产。故 C 选项正确。

32. **【2017 年真题】** 在国外某地建设一座化工厂，已知设备到达工地的费用（E）为 3000 万美元，该项目的朗格系数（K）及包含的内容见下表，则该工厂的间接费用为（　　）万美元。

朗格系数（K）		3.003
内容	(a) 包括基础、设备、油漆及设备安装费	E×1.4
	(b) 包括上述在内和配管工程费	(a)×1.1
	(c) 装置直接费	(b)×1.5
	(d) 包括上述在内和间接费	(c)×1.3

A. 9009　　　　B. 6930

C. 2079　　　　D. 1350

【解析】 本题考核利用朗格系数法进行投资估算。计算过程：$3000\times1.4\times1.1\times1.5\times0.3=2079$（万美元）。

33. **【2017 年真题】** 按照形成资产法编制建设投资估算表：下列费用中可计入无形资产费用的是（　　）。

A. 研究试验费　　B. 非专利技术使用费
C. 工程项目咨询费　　D. 生产准备及开办费

【解析】 略。

34. **【2016 年真题】** 下列安装工程费估算公式中，适用于估算工业炉窑砌筑和工艺保温或绝热工程安装工程费的是（　　）。

A. 设备原价×设备安装费率（%）
B. 重量（体积、面积）×单位重量（体积、面积）安装费率指标
C. 设备原价×材料占设备费百分比×材料安装费率（%）
D. 安装工程功能总量×功能单位安装工程费指标

【解析】 略。

35. **【2016 年真题改编】** 按照形成资产法编制建设项目投资估算表，下列费用中可计入固定资产其他费的是（　　）。

A. 开办费　　B. 非专利技术使用费
C. 市政公用设施费　　D. 生产准备费

【解析】 略。

36. **【2022 年补考真题】** 关于建设项目投资估算的编制，下列说法正确的有（　　）。

A. 在可行性研究阶段应选用指标估算法估算
B. 动态部分的估算应以编制年静态投资的资金使用计划为基础计算
C. 小型项目的流动资金可采用扩大指标法估算
D. 按照概算法，建设投资估算由工程费用、工程建设其他费用和预备费三部分组成
E. 按照形成资产法，建设投资估算由形成固定资产、无形资产、其他资产的费用三部分组成

【解析】 A 选项正确；B 选项错误，动态部分的估算应以基准年静态投资的资金使用计划为基础来计算，而不是以编制年的静态投资为基础计算；C 选项正确；D 选项正确；E 选项错误，按照形成资产法，建设投资估算由形成固定资产、无形资产、其他资产及预备费组成。

37. **【2022 年真题】** 建设项目总投资估算中，属于动态部分的费用项目有（　　）。

A. 工程建设其他费　　B. 基本预备费
C. 价差预备费　　D. 建设期利息
E. 流动资金

【解析】 动态投资部分包括价差预备费和建设期利息两部分。故 C、D 选项正确。

38. **【2022 年真题】** 关于建设项目投资估算的编制要求，下列说法正确的有（　　）。

A. 在项目建议书阶段，经常采用的投资估算方法是指标估算法
B. 应做到工程内容和费用构成齐全，不提高或降低估算标准

C. 需对主要技术经济指标进行分析

D. 应对影响造价变动的因素进行敏感性分析

E. 估算内容由静态投资和动态投资组成

【解析】 A 选项错误，在项目建议书阶段可采取简单的匡算法，在可行性研究阶段需采用相对详细的投资估算方法，如指标估算法；E 选项错误，可行性研究阶段的投资估算的编制一般包含静态投资部分、动态投资部分与流动资金估算三部分。

39. **【2019 年真题】** 以下属于流动资产的是（　　）。

A. 存货　　B. 库存现金

C. 应收账款　　D. 应付账款

E. 预付账款

【解析】 略。

40. **【2018 年真题】** 下列估算方法中，不适用于可行性研究阶段投资估算的有（　　）。

A. 生产能力指数　　B. 比例估算法

C. 系数估算法　　D. 指标估算法

E. 混合法

【解析】 本题考核静态投资的估算方法。在项目建议书阶段，投资估算的精度较低，可采取简单的匡算法，如生产能力指数法、系数估算法、比例估算法或混合法等，在条件允许时，也可采用指标估算法；在可行性研究阶段，投资估算精度要求高，需采用相对详细的投资估算方法，即指标估算法。故 A、B、C、E 选项正确。

41. **【2016 年真题】** 关于投资决策阶段流动资金的估算，下列说法中正确的有（　　）。

A. 流动资金周转额的大小与生产规模及周转速度直接相关

B. 分项详细估算时，需要计算各类流动资产和流动负债的年周转次数

C. 当年发生的流动资金借款应按半年计息

D. 流动资金借款利息应计入建设期贷款利息

E. 不同生产负荷下的流动资金按 100% 生产负荷下的流动资金乘以生产负荷百分比计算

【解析】 本题考核流动资金估算相关知识。A、B 选项正确；C 选项错误，流动资金借款按全年计算利息；D 选项错误，流动资金借款利息计入生产期间的财务费用；E 选项错误，不同生产负荷下的流动资金，应按不同生产负荷下所需各项费用金额分别估算，而不能按照 100% 负荷下的流动资金乘以生产负荷比例。

参考答案

1	2	3	4	5	6	7	8	9	10
B	A	B	D	D	C	D	D	C	D
11	12	13	14	15	16	17	18	19	20
C	D	ABCD	CD	C	C	A	B	D	C

（续）

21	22	23	24	25	26	27	28	29	30
A	C	D	D	C	B	B	B	B	A
31	32	33	34	35	36	37	38	39	40
C	C	B	B	C	ACD	CD	BCD	ABCE	ABCE
41									
AB									

【2025 考点预测】

1. 项目决策与工程造价的关系。
2. 确定建设规模需要考虑的因素及确定方法。
3. 建设地区的选择原则及确定建设地点的费用分析内容。
4. 项目建议书阶段静态投资的估算方法分类及具体计算。
5. 分项详细估算法估算流动资金的具体计算。
6. 建设投资估算方法分类及各方法的具体内容。

第二节　设计概算的编制

【考点分解】

考点一、设计阶段影响工程造价的主要因素

考点二、设计概算的概念及其编制内容

考点三、设计概算的编制

【真题实战】

考点一、设计阶段影响工程造价的主要因素

1. **【2023 年真题】**在满足住宅功能和质量前提下，下列设计思路中，可降低单位建筑面积造价的是（　　）。

A. 缩小住宅宽度　　B. 降低结构面积系数

C. 增加楼层数　　D. 扩大流通空间面积

【解析】

影响民用建设项目工程造价的主要因素	
住宅小区建设规划中影响工程造价的主要因素	
核心	提高土地利用率

（续）

<table>
<tr><th colspan="2">影响民用建设项目工程造价的主要因素</th></tr>
<tr><td colspan="2">住宅小区建设规划中影响工程造价的主要因素</td></tr>
<tr><td>建筑群体的布置形式</td><td>通过采取高低搭配、点条结合、前后错列以及局部东西向布置、斜向布置或拐角单元等手法节省用地
在保证小区居住功能的前提下，适当集中公共设施，提高公共建筑的层数，合理布置道路，充分利用小区内的边角用地，有利于提高建筑密度，降低小区的总造价。或者通过合理压缩建筑的间距、适当提高住宅层数或高低层搭配以及适当增加房屋长度等方式节约用地</td></tr>
<tr><td colspan="2">民用住宅建筑设计中影响工程造价的主要因素</td></tr>
<tr><td colspan="2">• 建筑物平面形状和周长系数。一般都建造矩形和正方形住宅，既有利于施工，又能降低造价和使用方便。在矩形住宅建筑中，又以长：宽=2：1 为佳。一般住宅单元以 3~4 个住宅单元、房屋长度 60~80m 较为经济
在满足住宅功能和质量的前提下，适当加大住宅宽度。这是由于宽度加大，墙体面积系数相应减少，有利于降低造价
根据不同性质的工程综合测算住宅层高每降低 10cm，可降低造价 1.2%~1.5%
• 住宅单元组成、户型和住户面积。据统计，三居室住宅的设计比两居室的设计降低 1.5%左右的工程造价，四居室的设计又比三居室的设计降低 3.5%的工程造价
衡量单元组成、户型设计的指标是结构面积系数（住宅结构面积与建筑面积之比），系数越小，设计方案越经济</td></tr>
</table>

2. **【2022 年补考真题】**关于多层民用住宅建筑设计与工程造价的关系，下列说法正确的是（　　）。

A. 矩形住宅中，长：宽=3：1 最为经济

B. 住宅长度一般以 60~80m 较为经济

C. 住宅层高每降低 10cm，可降低造价 1.5%~2.0%

D. 在满足功能和质量要求的前提下，适当缩小住宅宽度，有利于降低造价

【解析】 略。

3. **【2022 年真题】**关于建筑设计因素与工程造价的关系，下列说法正确的是（　　）。

A. 建筑周长系数越高，设计越经济

B. 相同建筑面积下，圆形建筑的单方造价较矩形小

C. 单跨厂房在柱距不变时，跨度越大单方造价越低

D. 在满足建筑物使用要求的前提下，应适当增加流动空间

【解析】 A、B 选项错误，通常情况下建筑周长系数越低，设计越经济；圆形建筑物周长系数最低，但施工复杂，施工费用一般比矩形建筑大；C 选项正确；D 选项错误，在满足建筑物使用要求的前提下，应将流通空间减少到最小，这是建筑物经济平面布置的主要目标之一。

4. **【2021 年真题】**以下对于建筑设计的说法正确的是（　　）。

A. 周长系数越低造价越低　　　　B. 圆形比正方形造价低

C. 层数越高造价越低　　　　D. 跨度不变时，中跨数目越多越经济

【解析】 本题考核影响工业建筑工程造价的主要因素。A、B 选项错误，一般情况下周长系数（$K_{周}$）越低造价越低，但圆形例外，虽然圆形建筑 $K_{周}$ 最小，但由于施工复杂，施

工费用较矩形建筑增加20%~30%；C选项错误，如果增加一个楼层不影响建筑物的结构形式，单位建筑面积的造价可能会降低。但是当建筑物超过一定层数时，结构形式就要改变，单位造价通常会增加；D选项正确。

5.【2020年真题】单层大跨度工业厂房的设计，应选择的结构类型为（　　）。

A. 木结构　　B. 砌体结构

C. 钢结构　　D. 钢筋混凝土结构

【解析】本题考核设计概算阶段影响工程造价的主要因素。对于五层以下的建筑物，一般选用砌体结构；对于大中型工业厂房，一般选用钢筋混凝土结构；对于多层房屋或大跨度建筑，选用钢结构明显优于钢筋混凝土结构；对于高层或者超高层建筑，框架结构和剪力墙结构比较经济。故C选项正确。

6.【2019年真题】在满足住宅功能和质量的前提下，下列设计手法中，可降低单位建筑面积造价的是（　　）。

A. 增加住宅层高　　B. 分散布置公共设施

C. 增大墙体面积系数　　D. 减少结构面积系数

【解析】略。

7.【2017年真题】关于建筑设计因素对工业项目工程造价的影响，下列说法中正确的是（　　）。

A. 建筑周长系数越高，建筑工程造价越低

B. 多跨厂房跨度不变，中跨数目越多越经济

C. 大中型工业厂房一般选用砌体结构，以降低造价

D. 建筑物面积或体积的增加，一般会引起单位面积造价的增加

【解析】本题考核工业建设项目工程造价的影响因素。A选项错误，一般情况下，建筑周长系数越低，设计越经济；B选项正确，对于单跨厂房，当柱间距不变时，跨度越大越经济，对于多跨厂房，当跨度不变时，中跨数目越多越经济；C选项错误，对于建筑结构的选择，五层以下一般选用砌体结构，大中型工业厂房宜选用钢筋混凝土结构，多层房屋或大跨度建筑选用钢结构较好，高层及超高层选用框架和剪力墙结构比较经济；D选项错误，建筑物面积或体积的增加，一般会引起单位面积造价的降低。

8.【2020年真题】在满足建筑物使用要求的前提下，关于设计阶段影响工程造价的因素，下列说法正确的有（　　）。

A. 流通空间越大，工业建筑物越经济

B. 建筑层高越高，工程造价越高

C. 对于单跨厂房，当柱间距不变时，跨度越大，单位面积造价越低

D. 对于多跨厂房，当跨度不变时，中跨数目越多，单位面积造价越低

E. 住宅层数越多，单位面积造价越低

【解析】本题考核设计概算阶段影响工程造价的主要因素。A选项错误，在满足建筑物使用要求的前提下，应将流通空间减到最小；B选项正确，在建筑面积不变的情况下，建

筑层高的增加会引起各项费用的增加；C、D选项正确，对于单跨厂房，当柱间距不变时，跨度越大单位面积造价越低；对于多跨厂房，当跨度不变时，中跨数目越多越经济；E选项错误，在不改变建筑结构的前提下，住宅层数越多，单位面积造价越低，如果改变了建筑结构，可能引起单方造价的提高。

9.【2018年真题】关于建筑设计对工业项目造价的影响，下列说法正确的有（　　）。

A. 建筑周长系数越高，单位面积造价越低

B. 单跨厂房柱间距不变，跨度越大，单位面积造价越低

C. 多跨厂房跨度不变，中跨数目越多，单位面积造价越高

D. 超高层建筑采用框架结构和剪力墙结构比较经济

E. 大中型工业厂房一般选用砌体结构来降低工程造价

【解析】 略。

10.【2017年真题】总平面设计中，影响工程造价的主要因素包括（　　）。

A. 现场条件　　B. 占地面积

C. 工艺设计　　D. 功能分区

E. 柱网布置

【解析】 本题考核总平面设计中影响工程造价的主要因素，包括现场条件、占地面积、功能分区、运输方式。

考点二、设计概算的概念及其编制内容

11.【2022年补考真题】应用概算定额法编制建筑工程概算，如采用全费用综合单价，单位工程概算造价计算公式为（　　）。

A. 分部分项工程费+措施项目费

B. 分部分项工程费+措施项目费+其他项目费

C. 分部分项工程费+措施项目费+税金

D. 直接费+企业管理费+利润+税金

【解析】 如采用全费用综合单价，单位工程概算造价=分部分项工程费+措施项目费。故A选项正确。

12.【2022年真题】关于使用概算定额法编制建筑工程概算，在采用全费用综合单价的情况下，下列说法正确的是（　　）。

A. 工程量的计算应依据概算定额中规定的工程量计算规则或工程量清单计算标准进行

B. 建筑工程概算表应以单位工程为对象进行编制

C. 如采用全费用综合单价，单位工程概算造价为分部分项工程费和措施项目费之和

D. 综合计取的措施项目费应以该单位工程的分部分项工程费为基数乘以相应费率计算

【解析】 本题考核概算定额法的应用。A选项错误，对工程的计量应按概算定额中规定的工程量计算规则进行；B选项错误，建筑工程概算表应以单项工程为对象进行编制；C选项正确，如采用全费用综合单价，则单位工程概算造价=分部分项工程费+措施项目费；D选项错误，综合计取的措施项目费应以该单位工程的分部分项工程费和可以计量的措施项

目费之和为基数乘以相应费率计算。

13. **【2021年真题】**下列工程概算，属于单位设备及安装工程概算的是（ ）。

A. 照明线路敷设工程概算　　B. 风机盘管安装工程概算

C. 电气设备及安装工程概算　　D. 特殊构筑物工程概算

【解析】 本题考核单位工程概算的分类。为建筑物服务的单位工程均属于建筑工程概算，例如给排水采暖、通风空调工程、电气照明工程、弱电工程及特殊构筑物均属于建筑工程概算；机械设备、电气设备、热力设备及工器具及生产家具购置费均属设备及安装工程概算，故C选项正确。

14. **【2020年真题】**关于单位工程概算的费用组成，下列表述中正确的是（ ）。

A. 由直接费、企业管理费、利润组成

B. 由直接费、企业管理费、利润、税金组成

C. 由直接费、企业管理费、利润、税金、设备及工器具购置费组成

D. 由直接费、企业管理费、利润、税金、设备及工器具购置费、工程建设其他费组成

【解析】 本题考核单位工程概算的组成。单位工程概算的费用由直接费、企业管理费、利润、税金、设备及工器具购置费组成。故C选项正确。

15. **【2018年真题】**关于设计概算的作用，下列说法正确的是（ ）。

A. 设计概算是确定建设规模的依据

B. 设计概算是编制固定资产投资计划的依据

C. 政府投资项目设计概算经批准后，不得进行调整

D. 设计概算不应作为签订贷款合同的依据

【解析】 本题考核设计概算的作用。A选项错误，建设规模在项目建议书和可行性研究阶段已经确定；B选项正确；C选项错误，政府投资的项目设计概算批准后，一般不得调整，因国家政策调整、价格上涨、地质条件发生重大变化等原因确需增加投资概算的，项目单位应当提出调整方案及资金来源，按照规定的程序报原初步设计审批部门或者投资概算核定部门核定；D选项错误，设计概算是签订建设工程合同和贷款合同的依据。

16. **【2018年真题】**关于设计概算的编制，下列计算式正确的是（ ）。

A. 单位工程概算=人工费+材料费+施工机具使用费+企业管理费+利润

B. 单项工程综合概算=建筑工程费+安装工程费+设备及工器具购置费

C. 单项工程综合概算=建筑工程费+安装工程费+设备及工器具购置费+工程建设其他费

D. 建设项目总概算=各单项工程综合概算+建设期利息+预备费

【解析】 本题考核设计概算的汇总。A选项错误，单位工程设计概算就是工程费用，即建筑安装工程费（人、材、机、管、利、规、税）和设备及工器具购置费之和；B选项正确；C选项错误，单项工程综合概算是单位工程概算的汇总，即建筑安装工程费和设备工器具购置费；D选项错误，建设项目总概算在各单项工程概算的基础上还需要加工程建设其他费、预备费、建设期利息和铺底流动资金。

17.【2016 年真题】下列原因中，不能据以调整设计概算的是（　　）。

A. 超出原设计范围的重大变更　　B. 建设期价格大幅上涨

C. 地质条件发生重大变化　　D. 政策调整

【解析】略。

18.【2022 年补考真题】单项工程综合概算应包括的费用有（　　）。

A. 建筑安装工程费　　B. 设备及工器具购置费

C. 工程建设其他费　　D. 预备费

E. 建设期利息

【解析】

单位工程概算	具有独立的设计文件，能够独立组织施工，但不能独立发挥生产能力或使用功能的工程项目，是单项工程的组成部分
	建筑工程概算和设备及安装工程概算
单项工程综合概算	具有独立的设计文件，建成后能够独立发挥生产能力或使用功能的工程项目
	由单项工程中的各单位工程概算汇总编制而成
建设项目总概算	以初步设计文件为依据，在单项工程综合概算的基础上计算建设项目概算总投资的成果文件
	由各单项工程综合概算、工程建设其他费概算、预备费、建设期利息和铺底流动资金概算汇总编制而成

19.【2022 年真题】关于建设项目设计概算，下列说法正确的有（　　）。

A. 建设项目资金筹措方案是概算的编制依据之一

B. 应合理预测建设期价格水平并考虑动态因素的影响

C. 初步设计较深且有详细设备清单时，可采用预算单价法编制设备安装工程概算

D. 建设项目总概算由各单项工程综合概算、工程建设其他费用和预备费组成

E. 设计总概算文件不包括主要建筑安装材料汇总表

【解析】本题考核设计概算相关知识点。D 选项错误，建设项目总概算由各单项工程综合概算、工程建设其他费、建设期利息、预备费和经营性项目的铺底流动资金组成；E 选项错误，设计总概算文件应包括编制说明、总概算表、各单项工程综合概算书、工程建设其他费概算表、主要建筑安装材料汇总表。

考点三、设计概算的编制

20.【2023 年真题】某学校拟新建宿舍楼工程，按概算指标和地区材料预算价格等算出每平方米建筑面积含税工程造价为 2100 元，但拟建宿舍楼设计资料与概算指标相比较，外墙涂料装饰变更为墙砖装饰、增加了热水系统。已知每平方米建筑面积外墙装饰的工程量为 0.5m，涂料装饰和墙砖装饰税前综合单价分别为 90 元/m^2、150 元/m^2，每平方米建筑面积热水系统税前造价为 20 元，增值税税率为 9%。该新建宿舍楼工程每平方米建筑面积的含税工程造价为（　　）元。

A. 2144　　B. 2146

C. 2150　　　　　　　　D. 2155

【解析】 本题考核概算指标法的应用。计算过程：2100+(150−90)×0.5×(1+9%)+20×(1+9%)=2155（元）。

21.【2023年真题】采用类似工程预算法编制设计概算时，关于调整公式 $D=A\cdot K$ 的应用，下列说法正确的是（　　）。

A. 如 A 为工料单价，则 K 取工料机费的综合调整系数

B. 如 A 为全费用单价，则 K 取工料机费和企业管理费的综合调整系数

C. 各费用项目的调整系数=类似工程成本中该费用项目单价（或费率）/拟建地区该费用项目单价（或费率）

D. 费用项目的调整权重=类似工程成本中该费用项目金额/类似工程总预算

【解析】 本题考核类似工程预算法的应用。A选项正确；B选项错误，如 A 为全费用单价，则 K 取工料机费和企业管理费、利润、税金的综合系数；C选项错误，各费用项目的调整系数=拟建工程概算价格/类似工程预算价格；D选项错误，费用项目的调整权重=类似工程成本中该费用项目金额/类似工程预算成本。

22.【2022年补考真题】某地新建某公寓工程，当地同期类似工程概算指标为1820元/m²，新建工程和类似工程概算指标相比，现浇钢筋部分有所不同。新建工程结构差异调整后的概算指标应为（　　）元/m²。

工程项目	材料名称	含量/(kg/m)	带肋钢筋单价/(元/kg)	现浇构件带肋钢筋综合单价/(元/kg)
类似工程	带肋钢筋（HRB400综合）	62.0	3.82	5.20
新建工程	带肋钢筋（HRB600综合）	54.0	3.94	5.65

A. 1778.40　　　　　　　　B. 1789.44

C. 1795.92　　　　　　　　D. 1802.70

【解析】 计算过程：1820−62.0×5.20+54.0×5.65=1802.70（元/m²）。

23.【2022年补考真题】下列费用中，应计入单项工程综合概算表中的是（　　）。

A. 设备及工器具购置费　　　　B. 工程建设其他费

C. 铺底流动资金　　　　　　　D. 建设期利息

【解析】

单位工程概算	建筑工程概算、设备及安装工程概算
单项工程综合概算	由单项工程中的各单位工程概算汇总编制而成
建设项目总概算	由各单项工程综合概算、工程建设其他费概算、预备费、建设期利息和铺底流动资金概算汇总编制而成

24.【2022年真题】某地拟建硬质景观工程，已知其类似已完工程造价指标为400元/m²，其中人、材、机费分别占工程造价的15%、55%、10%，拟建工程与类似工程人、材、机差

异系数为 1.15、1.05、0.95，假定以人、材、机为基数取费，综合费率为 25%，则该工程综合单价为（　　）元/m^2。

A. 418.0　　B. 438.0

C. 405.6　　D. 422.5

【解析】 计算过程：400×(15%×1.15+55%×1.05+10%×0.95)×(1+25%)=422.5（元/m^2）。

25. 【2022 年真题】当初步设计深度不够，但能提供的设备清单有规格和设备重量时，编制设备安装工程概算应选用的方法是（　　）。

A. 预算单价法　　B. 扩大单价法

C. 设备价值百分比法　　D. 综合吨位指标法

【解析】

单位设备及安装工程概算编制方法		
设备安装工程费概算	预算单价法	初步设计较深，有详细的设备清单 计算比较具体，精确性较高
	扩大单价法	初步设计深度不够，设备清单不完备，只有主体设备或仅有成套设备重量
	设备价值百分比法	初步设计深度不够，只有设备出厂价而无详细规格、重量 常用于价格波动不大的定型产品和通用设备产品
	综合吨位指标法	初步设计提供的设备清单有规格和设备重量 常用于设备价格波动较大的非标准设备和引进设备的安装工程概算

26. 【2021 年真题】某地市政道路工程，已知与其类似已完工程造价指标为 1600 元/m^2，人、材、机占工程造价的 15%、60%、10%，拟建工程与类似工程人、材、机差异系数为 1.1、1.25、0.95，假定以人、材、机为基数取费，综合费率为 25%，则该工程综合单价为（　　）。

A. 1856　　B. 1972

C. 2020　　D. 2320

【解析】 本题考核类似工程预算法的应用。计算过程：1600×(15%×1.1+60%×1.25+10%×0.95)×(1+25%)=2020（元/m^2）。

27. 【2021 年真题】当初步设计深度不够，设备清单不完善，只有主体设备或仅有成套设备重量时，编制设备安装工程概算应采用的方法为（　　）。

A. 预算单价法　　B. 扩大单价法

C. 设备价值百分比法　　D. 综合吨位法

【解析】 略。

28. 【2021 年真题】概算指标列表构成包括的内容有（　　）。

A. 示意图　　B. 工程总说明

C. 人材机消耗量指标　　D. 工程量指标

E. 总投资指标

【解析】 总体来讲，列表形式分为以下几个部分：①示意图；②工程特征；③经济指标；④构造内容及工程量指标。故 A、D 选项正确。

29. 【2020 年真题】采用概算定额法编制设计概算的主要工作步骤有：①套用各子目的综合单价；②搜集基础资料；③计算措施项目费；④编写概算编制说明；⑤汇总单位工程造价；⑥计算工程量。上述工作步骤正确的排序是（　　）。

A. ②⑥①③⑤④　　B. ④②⑥①⑤③

C. ②⑥④①③⑤　　D. ④⑥②①⑤③

【解析】 本题考核运用概算定额法编制设计概算的步骤。整体步骤：收集基础资料→按定额子目列项并计算工程量→套定额计算分部分项工程费→计算措施项目费→汇总概算造价→编写概算编制说明。故 A 选项正确。

30. 【2020 年真题】某地新建单身宿舍一座，当地同期类似工程概算指标为 900 元/m^2，该工程基础为混凝土结构，而概算指标对应的基础为毛石混凝土结构，已知该工程与概算指标每 100m^2 建筑面积中分摊的基础工程量均为 15m^2，同期毛石混凝土基础综合单价为 580 元/m^2，混凝土基础综合单价为 640 元/m^2，则经结构差异调整后的概算指标为（　　）元/m^2。

A. 891　　B. 909

C. 906　　D. 993

【解析】 本题考核概算指标编制设计概算。计算过程：$900+(640-580)\times15\%=909$（元/$m^2$）。

31. 【2019 年真题】某地市政道路工程，已知与其类似已完工程造价指标为 600 元/m^2，人、材、机占工程造价的 10%、50%、20%，拟建工程与类似工程人、材、机差异系数为 1.10、1.05、1.05，假定以人、材、机为基数取费，综合费率为 25%，则该工程综合单价为（　　）。

A. 507.00　　B. 608.40

C. 633.75　　D. 657.00

【解析】 本题考核运用类似工程预算法计算成本单价。$600\times(10\%\times1.10+50\%\times1.05+20\%\times1.05)\times(1+25\%)=633.75$（元/$m^2$）。

32. 【2018 年真题】采用概算定额法编制设计概算的主要工作有：①列出分部分项工程项目名称并计算工程量；②搜集基础资料；③编制概算编制说明；④计算措施项目费；⑤确定各分部分项工程费；⑥汇总单位工程概算造价。下列工作排序正确的是（　　）。

A. ②①⑤④⑥③　　B. ②③①⑤④⑥

C. ③②①④⑤⑥　　D. ②①③⑤④⑥

【解析】 略。

33. 【2017 年真题】当初步设计深度不够，只有设备出厂价而无详细规格、重量时，编制设备安装工程费概算可选用的方法是（　　）。

A. 设备价值百分比法　　B. 设备系数法

C. 综合吨位指标法　　D. 预算单价法

【解析】 略。

34.【2023 年真题】关于建筑工程设计概算的编制工作，下列说法正确的有（　　）。

A. 设计概算的编制内容包括静态投资、动态投资和铺底流动资金三个层次

B. 根据设计深度的不同，合理选择概算编制方法

C. 通过项目特征合理匹配工程造价指标，并结合项目情况进行调整后编制

D. 针对基础性建材和劳务用工，充分利用市场化询价信息编制

E. 充分利用数智化技术进行编制

【解析】 A 选项错误，设计概算的编制内容包括静态投资和动态投资两个层次。静态投资作为评价和选择设计方案的依据；动态投资作为项目筹措、供应和控制资金使用的限额。

35.【2019 年真题】某单位建筑工程的初步设计采用的技术比较成熟，但由于设计深度不够，不能准确计算出工程量，若急需该单位建筑工程概算时，可采用的概算编制方法有（　　）。

A. 预算单价法　　B. 概算定额法

C. 概算指标法　　D. 类似工程预算法

E. 扩大单价法

【解析】 本题考核建筑工程概算的编制方法，具体有概算定额法（又称扩大单价法或扩大结构定额法）、概算指标法、类似工程预算法。运用概算定额法，要求初步设计必须达到一定深度，建筑结构尺寸比较明确，能计算项目的工程量时，方可采用，故 B 选项应排除；预算单价法是编制单位安装工程概算的方法，故 A 选项应排除；值得注意的是，概算定额法又称扩大单价法，而编制单位安装概算的方法中也有扩大单价法，无论从哪个角度考虑，E 选项均应排除；故 C、D 选项正确。

参考答案

1	2	3	4	5	6	7	8	9	10
B	B	C	D	C	D	B	BCD	BD	ABD
11	12	13	14	15	16	17	18	19	20
A	C	C	C	B	B	A	AB	ABC	D
21	22	23	24	25	26	27	28	29	30
A	D	A	D	D	C	B	AD	A	B
31	32	33	34	35					
C	A	A	BCDE	CD					

【2025 考点预测】

1. 总平面设计影响工程造价的主要因素。

2. 平面形状、建筑结构、柱网布置影响工程造价的主要因素。
3. 政府投资项目设计概算的调整情形及调整程序。
4. 设计概算的组成内容及各组成部分的费用构成。
5. 单位建筑工程设计概算的编制方法及各方法的适用范围、编制程序、具体应用。
6. 单位安装工程设计概算的编制方法及各方法的适用范围。

第三节 施工图预算的编制

【考点分解】

考点一、施工图预算的概念及其编制内容

考点二、施工图预算的编制

【真题实战】

考点一、施工图预算的概念及其编制内容

1. **【2023 年真题】** 关于施工图预算的作用，下列说法正确的是（ ）。

A. 是招投标阶段控制投标报价不突破最高投标限价的依据

B. 是施工企业确定合同价款的直接依据

C. 是施工企业收取工程款的直接依据

D. 是投资方控制造价的依据

【解析】

施工图预算的作用	
对投资方	① 施工图预算是设计阶段控制工程造价的重要环节，是控制施工图设计不突破设计概算的重要措施 ② 施工图预算是控制造价及资金合理使用的依据 ③ 施工图预算是确定工程最高投标限价的依据 ④ 施工图预算可以作为确定合同价款、拨付工程进度款及办理工程结算的基础
对施工企业	① 施工图预算是建筑施工企业投标报价的基础 ② 施工图预算是建筑工程预算包干的依据和签订施工合同的主要内容 ③ 施工图预算是施工企业安排调配施工力量、组织材料供应的依据 ④ 施工图预算是施工企业控制工程成本的依据

2. **【2022 年补考真题】** 下列工程预算文件的组成部分中，不属于二级预算组成内容的是（ ）。

A. 签署页　　B. 总预算表

C. 综合预算表　　D. 附件

【解析】

施工图预算的编制内容	
组成	建设项目总预算、单项工程综合预算和单位工程预算
	多个单项：三级预算——建设项目总预算、单项工程综合预算和单位工程预算
	一个单项：二级预算——建设项目总预算和单位工程预算
	采用二级预算编制形式的工程预算文件包括：封面、签署页及目录、编制说明，总预算表、单位工程预算表、附件等内容。三级预算比二级预算多综合预算表

3. **【2022 年真题】** 关于施工图预算对投资方的作用，下列说法正确的是（　　）。

A. 不能作为控制造价及资金合理使用的依据

B. 控制施工图设计不突破设计概算的重要措施

C. 安排调配施工力量、组织材料供应

D. 控制工程成本的依据

【解析】 略。

4. **【2020 年真题】** 施工图预算的三级预算编制形式由（　　）组成。

A. 单位工程预算、单项工程综合预算、建设项目总预算

B. 静态投资、动态投资、流动资金

C. 建筑安装工程费、设备购置费、工程建设其他费

D. 单项工程综合预算、建设期利息、建设项目总预算

【解析】 本题考核施工图预算的编制形式。施工图预算由建设项目总预算、单项工程综合预算和单位工程预算组成。与设计概算类似，当建设项目有多个单项工程时，采用三级预算，即总预算、单项工程预算和单项工程预算；当只有一个单项工程时，可采用二级预算，即总预算和单位工程预算。故 A 选项正确。

5. **【2019 年真题】** 施工图预算的二级预算编制形式由（　　）组成。

A. 总预算和单位工程预算　　B. 单项工程综合预算和单位工程预算

C. 总预算和单项工程综合预算　　D. 建筑工程预算和设备安装工程预算

【解析】 略。

6. **【2017 年真题】** 施工图预算的二级预算编制形式是指（　　）。

A. 编制人编制、审核人审核

B. 建筑安装工程预算、设备工器具购置费预算

C. 单位工程预算、建设项目总预算

D. 单项工程综合预算、建设项目总预算

【解析】 略。

7. **【2020 年真题】** 关于施工图预算的编制，下列说法正确的有（　　）。

A. 施工图总预算应控制在已批准的设计总概算范围内

B. 施工图预算采用的价格水平应与设计概算编制时期保持一致

C. 只有一个单项工程的建设项目，应采用三级预算编制形式

D. 单项工程综合预算由组成该单项工程的各个单位工程预算汇总而成

E. 施工图预算编制时已发生的工程建设其他费按合理发生金额列计

【解析】 本题考核编制施工图预算相关知识点。A 选项正确；B 选项错误，编制施工图预算坚持结合拟建工程的实际，反映工程所在地当时价格水平的原则；C 选项错误，当建设项目只有一个单项工程时，应采用二级预算编制形式；D 选项正确；E 选项正确，工程建设其他费若已经发生，按合理发生金额列计，如果还未发生，按照原概算内容和本阶段的计费原则计算列入。

8. **【2016 年真题】** 施工图预算对投资方、施工企业都具有十分重要的作用。下列选项中仅属于对施工企业作用的有（　　）。

A. 确定合同价款的依据　　B. 控制资金合理使用的依据

C. 控制工程施工成本的依据　　D. 调配施工力量的依据

E. 办理工程结算的依据

【解析】 略。

考点二、施工图预算的编制

9. **【2023 年真题】** 施工图预算编制时可能发生的主要工作有：①列项计量；②套预算定额计算人、材、机消耗量：③套预算定额单价：④计算并汇总直接费；⑤编制工料分析表；⑥计算主材费并调整直接费；⑦试算其他费用，并汇总造价。采用工料单价法编制施工图预算时，发生的主要工作及其顺序是（　　）。

A. ①②④⑦　　B. ①③④⑤⑥⑦

C. ①②⑤④⑥⑦　　D. ①③④⑦

【解析】

建筑安装工程费计算方法	
实物量法	计算分项工程量→套用消耗量定额→汇总人材机消耗量→当时当地价格→直接费→取管利规税→单位工程预算造价
单价法	（工料单价法）计算分项工程量→套定额单价→编工料分析表→计算主材费→计取其他费用→单位工程预算造价 单价中除工料单价法还有全费用综合单价法，全费用综合单价法没有计取其他费用的步骤

10. **【2022 年补考真题】** 施工图预算编制的主要工作有：①列项计量；②了解施工现场情况；③套预算定额计算人、材、机消耗量；④计算直接费；⑤计算价差；⑥计算其他费用。采用实物量法编制时，正确的编制步骤及顺序是（　　）。

A. ②①④③⑤⑥　　B. ①②③④⑤

C. ②①③④⑥　　D. ②①④③⑥⑤

【解析】 略。

11. **【2022 年真题】** 下列施工图预算编制的工作中，属于工料单价法但不属于实物量法的工作步骤是（　　）。

A 列项并计算工程量

B. 套用预算定额（或企业定额），计算人工、材料、机具台班消耗量

C. 计算主材费并调整价差

D. 按计价程序计取其他费用，并汇总造价

【解析】 建筑安装工程费计算方法见第 9 题解析。工料单价法与实物量法异同点见下表。

工料单价法与实物量法异同点		
相同点	首尾部分的步骤基本相同	
不同点	定额	实物量法套用的是预算定额（或企业定额）人、材、机消耗量 工料单价法套用的是单位估价表工料单价或定额基价
	价格	实物量法采用的是当时当地的各类人、材、机的实际单价 工料单价法采用的单位估价表或定额编制时期的各类人、材、机单价，需要用调价系数或指数进行调整

12. 【**2021 年真题**】下列工作内容属于实物量法但不属于工料单价法的是（　　）。

A. 列项并计算工程量

B. 套用预算定额（或企业定额），计算人工、材料、机具台班消耗量

C. 套用定额单价，计算直接费并汇总

D. 计算其他各项费用

【解析】 略。

13. 【**2020 年真题**】关于施工图预算编制时工程建设其他费的计费原则，下列说法正确的是（　　）。

A. 若工程建设其他费已发生，则发生部分按合理发生金额计列

B. 若工程建设其他费已发生，则发生部分按本阶段的计费标准计列

C. 无论工程建设其他费是否发生，均按合理发生金额计列

D. 无论工程建设其他费是否发生，均按原批复概算的计费标准计列

【解析】 本题考核编制施工图预算的注意事项。工程建设其他费、预备费、建设期利息及铺底流动资金以建设项目施工图预算编制时为界线，若上述费用已经发生，按合理发生金额列计，如果还未发生，按照原概算内容和本阶段的计费原则计算列入。

14. 【**2019 年真题**】采用实物量法与工料单价法编制施工图预算，其工作步骤的差异体现在（　　）。

A. 工程量计算

B. 直接费的计算

C. 企业管理费的计算

D. 税金的计算

【解析】 本题考核实物量法与工料单价法的差别。无论是哪种方法，工程量计算规则都是一样的，关键不同点在于定额的套用，工料单价法直接套用预算定额，得到人、材、机费用，而实物量法是套消耗量定额得到人、材、机消耗量，再用市场价得到人、材、机费

用。而企业管理费、利润与税金的计算方法是相同的。故 B 选项正确。

15. **【2022 年补考真题】** 关于施工图预算编制，下列说法正确的有（　　）。

A. 应保证编制依据的时效性

B. 企业定额也可作为预算的编制依据

C. 列项计量前，需要充分了解施工组织设计和施工方案

D. 单位工程预算书由建筑工程预算表和建筑工程取费表构成

E. 二级预算的编制内容是指建筑安装工程费和设备及工器具购置费

【解析】 A、B、C 选项正确；D 选项错误，单位工程施工图预算由建筑安装工程费用和设备及工器具购置费组成；E 选项错误，二级预算编制形式由建设项目总预算和单位工程预算组成。

参考答案

1	2	3	4	5	6	7	8	9	10
D	C	B	A	A	C	ADE	CD	B	C
11	12	13	14	15					
C	B	A	B	ABC					

【2025 考点预测】

1. 施工图预算对投资方和施工单位的作用。
2. 施工图预算文件的组成（二级预算文件和三级预算文件的具体内容）。
3. 单价法和实物量法计算建筑安装工程费的程序及异同点。

第四章　建设项目发承包阶段合同价款的约定

第一节　招标工程量清单与最高投标限价的编制

【考点分解】

考点一、招标文件的组成内容及其编制要求
考点二、招标工程量清单的编制
考点三、最高投标限价的编制

【真题实战】

考点一、招标文件的组成内容及其编制要求

1. **【2020 年真题】**关于建设工程施工招标文件，下列说法正确的是（　　）。

A. 工程量清单不是招标文件的组成部分

B. 由招标人编制的招标文件只对投标人具有约束力

C. 招标项目的技术要求可以不在招标文件中描述

D. 招标人可以对已发出的招标文件进行必要的修改

【解析】 本题考核招标文件的编制。A 选项错误，招标工程量清单应作为招标文件的组成部分；B 选项错误，招标人对单价合同的分部分项工程量清单的准确性和完整性负责；C 选项错误，招标文件应包含技术标准和要求；D 选项正确。

2. **【2018 年真题】**关于施工招标文件的疑问和澄清，下列说法正确的是（　　）。

A. 投标人可以口头方式提出疑问

B. 投标人不得在投标截止前的 15 天内提出疑问

C. 投标人收到澄清后的确认时间应按绝对时间设置

D. 招标文件的书面澄清应发给所有投标人

【解析】 本题考核招标文件的澄清修改。招标人对招标文件的澄清修改，可以是投标人提出疑问后的澄清修改，也可以是招标人发现招标文件错误主动提出的澄清修改。注意以下要点：①投标人对招标文件有疑问，应在规定时间内以书面形式要求招标人修改；②招标人澄清修改的内容同样以书面形式发出，而且需要发送给所有招标文件收受人；③不能指明问题来源；④对发出的澄清修改还要符合时间规定，即投标截止时间 15 日前，如果发出澄

清时间距投标截止时间不足15日，应顺延投标截止时间；⑤投标人收到招标人的澄清修改内容需要向招标人进行书面确认，确认时间可以是相对时间，也可以是绝对时间。故D选项正确。

3.【**2017年真题**】根据《标准施工招标文件》规定，进行了资格预审的施工招标文件应包括（　　）。

A. 招标公告　　B. 投标资格条件

C. 投标邀请书　　D. 评标委员会名单

【**解析**】本题考核招标文件的组成内容。当未进行资格预审时，招标文件中应包括招标公告；当进行资格预审时，应包括投标邀请书，该邀请书可代替资格预审通过通知书，以明确投标人已具备了投标资格。故C选项正确。

4.【**2016年真题**】根据《标准施工招标文件》规定，关于"分包和偏差问题处理"的内容应包括于（　　）之中。

A. 招标公告　　B. 投标人须知

C. 评标办法　　D. 合同条款与格式

【**解析**】本题考核招标文件的组成内容。"分包和偏差问题处理"应在投标人须知总则中载明，故B选项正确。

5.【**2021年真题**】未进行资格预审的招标文件，包括（　　）。

A. 招标公告　　B. 招标邀请书

C. 拟分包项目情况表　　D. 投标人须知

E. 联合体协议书

【**解析**】本题考核招标文件的组成。施工招标文件包括招标公告（或投标邀请书）、投标人须知、评标办法、合同条款及格式、工程量清单（最高投标限价）、图纸、技术标准和要求、投标文件格式和投标人须知前附表规定的其他材料。特别需要注意的是，当未进行资格预审时，招标文件中应包括招标公告。当进行资格预审时，招标文件中应包括投标邀请书，该邀请书可代替资格预审通过通知书，以明确投标人已具备了在某具体项目某具体标段的投标资格。故A、D选项正确。

6.【**2016年真题改编**】根据《标准施工招标文件》，下列有关施工招标的说法正确的有（　　）。

A. 当进行资格预审时，招标文件中应包括投标邀请书

B. 采用电子招投标的投标准备时间不得少于15日

C. 投标人对招标文件有疑问时，应在规定时间内以电话、电报等方式要求招标人澄清

D. 按照规定应编制最高投标限价的项目，其控制价应在招标文件中公布

E. 最低投标限价应依据国家发布的计价依据标准和方法编制

【**解析**】本题考点较综合。A选项正确；B选项，电子招投标时投标准备时间不得少于10日；C选项，投标人提出疑问应当采取书面方式，书面方式包括信函、电报、传真、邮件等，但电话不属于书面形式；D选项正确；E选项，招标人不得规定最低投标限价。

考点二、招标工程量清单的编制

7. 【2023 年真题】关于分部分项工程项目清单的编制，下列说法正确的是（　　）。

A. 同一标段工程的项目编码不得有重码

B. 常规工程的项目特征无须描述

C. 项目特征描述不得直接采用“详见××图号”的方式

D. 工程量应在实体工程量基础上增加施工损耗量

【解析】

分部分项工程项目清单编制	
项目编码	应根据拟建工程的工程项目清单项目名称设置，同一招标工程的项目编码不得有重码
项目名称	应按专业工程量计算标准（规范）附录的项目名称结合拟建工程的实际确定
	① 当在拟建工程的施工图纸中有体现，并且在专业工程量计算标准附录中也有相对应的项目时，则根据附录中的规定直接列项，计算工程量，确定其项目编码 ② 当在拟建工程的施工图纸中有体现，但在专业工程量计算标准附录中没有相对应的项目，并且在附录项目的“项目特征”或“工程内容”中也没有提示时，则必须编制针对这些分项工程的补充项目，在清单中单独列项并在清单的编制说明中注明（口诀：三无再补充）
项目特征描述	① 项目特征描述的内容应按附录中的规定，结合拟建工程的实际，满足确定综合单价的需要 ② 若采用标准图集或施工图纸能够全部或部分满足项目特征描述的要求，项目特征描述可直接采用“详见××图集”或“详见××图号”的方式 ③ 对不能满足项目特征描述要求的部分，仍应用文字描述（口诀：图集图号文字述，满足要求是前提）
计量单位	当附录中有两个或两个以上计量单位的，应结合拟建工程项目的实际选择其中一个确定
工程量的计算	① 对补充项的工程量计算规则必须符合下述原则：一是其计算规则要具有可计算性，二是计算结果要具有唯一性 ② 计算原则：计算口径一致，按工程量计算规则计算，按图纸计算，按一定顺序计算

8. 【2023 年真题】招标工程量清单中专业工程暂估价的费用组成为（　　）。

A. 人材机费用

B. 人材机费用、企业管理费、利润

C. 人材机费用、企业管理费、利润、规费

D. 人材机费用、企业管理费、利润、规费、税金

【解析】

暂估价	材料暂估价：发包人在工程量清单中提供的，用于支付设计图纸要求必须使用的材料，但在招标时暂不能确定其标准、规格、价格而在工程量清单中预估到达施工现场的不含增值税的材料价格 专业工程暂估价：发包人在工程量清单中提供的，在招标时暂不能确定工程具体要求及价格而预估的含增值税的专业工程费用 专业工程暂估价应根据招标文件说明的专业工程分类别和（或）分专业列项，并列出明细表，其暂估价可根据项目情况，结合同类工程的合理价格或概算金额估算 专业工程暂估价表“暂估金额”由招标人填写，投标人应将“暂估金额”填写并计入投标总价，结算时应按合同约定的价格填写“确认金额”

9.【2022 年真题】招标工程量清单编制工作包括：①拟定常规施工工艺；②现场踏勘；③计算工程量；④审查复核；⑤税金列项，正确的排列顺序是（ ）。

A. ②①③⑤④　　B. ②③①⑤④

C. ①②③④⑤　　D. ②③⑤①④

【解析】 拟定招标工程量的步骤：初步研究→现场踏勘→拟订常规施工工艺→分部分项工程项目清单编制→措施项目清单编制→其他项目清单的编制→税金项目清单的编制→工程量清单总说明的编制→招标工程量清单汇总（审查复核）。故 A 选项正确。

10.【2022 年真题】关于招标工程量清单中的暂列金额，下列说法正确的是（ ）。

A. 由招标人支配，不包括在合同中

B. 包括变更增加的费用，但不包括不可预见的材料设备采购

C. 编制最高投标限价时，暂列金额不可直接填写暂定金额

D. 暂列金额可采用按项计价或者费率计价

【解析】

暂列金额	发包人在工程量清单中暂定并包括在合同总价中，用于招标时尚未确定或详细说明的工程、服务和工程实施中可能发生的合同价款调整等所预留的费用 由招标人填写“暂定金额”总额，采用费率计价方式计算暂定金额的，应分别填写“计算基础”“费率”，并计算填写“暂定金额”；采用总价计价方式计算暂定金额的，可直接填写“暂定金额” 投标人应将上述暂定金额填写并计入投标总价 结算时应按合同约定计算并填写“确定金额”

11.【2021 年真题】关于分部分项工程项目清单中项目编码的编制，下列说法正确的是（ ）。

A. 第三级项目编码对应的是分项工程

B. 计价标准中就某一清单项目给出两个及以上计量单位时应选择最方便计算的单位

C. 同一标段的工程量清单中含有多个项目特征相同的单位工程时可采用相同的项目编码

D. 补充项目编码有 6 位

【解析】 本题考核招标工程量清单的编制。A 选项错误，第三级编码对应的是分部工程；B 选项错误，当计量单位有两个或两个以上时，应根据所编工程量清单项目的特征要求，选择最适宜表现该项目特征并方便计量的单位；C 选项错误，同一招标工程的项目编码不得有重码；D 选项正确，补充项目的编码由工程量计算标准的代码与 B 和三位阿拉伯数字组成，标准代码为两位，所以补充项目的编码为 6 位。

12.【2020 年真题】关于建设工程招标工程量清单的编制，下列说法正确的是（ ）。

A. 总承包服务费应计列在暂列金额项下

B. 分部分项工程项目清单中所列工程量应按专业工程量计算标准规定的工程计算规则计算

C. 措施项目清单的编制不用考虑施工技术方案

D. 在专业工程量计算标准中没有列项的分部分项工程，不得编制补充项目

【解析】 本题考核招标工程量清单的编制。A 选项错误，总承包服务费应与暂列金额并列计列在其他项目费下；B 选项正确；C 选项错误，招标工程量清单中的措施项目清单应依据常规施工工艺编制；D 选项错误，标准没有列项的分部分项工程，项目特征及工作内容也没有提示时，应编制补充项目。

13. 【2020 年真题】关于建设工程工程量清单的编制，下列说法正确的是（　　）。

A. 招标文件必须由专业咨询机构编制，由招标人发布

B. 材料的品牌档次应在设计文件中体现，在工程量清单编制说明中不再说明

C. 专业工程暂估价中包括企业管理费和利润

D. 税金是政府规定的，在清单编制中可不列项

【解析】 本题考核招标工程量清单的编制。A 选项错误，建设项目招标文件由招标人（或其委托的咨询机构）编制，由招标人发布；B 选项错误，招标文件中规定的各项技术标准均不得要求或标明某一特定的专利、商标、名称、设计、原产地或生产供应者；C 选项正确；D 选项错误，税金项目应当作为招标工程量清单的组成部分。

14. 【2019 年真题】关于招标工程量清单中分部分项工程量清单的编制，下列说法正确的是（　　）。

A. 所列项目应是施工过程中以其本身构成工程实体的分项工程或可以精确计量的措施分项项目

B. 拟建施工图纸有体现，但专业工程量计算标准附录中没有相对应项目的，则必须编制这些分项工程的补充项目

C. 补充项目的工程量计算规则，应符合"计算规则要具有可计算性"且"计算结果要具有唯一性"的原则

D. 采用标准图集的分项工程，其特描述应直接采用"详见××图集"方式

【解析】 本题考核分部分项工程量清单的编制。A 选项错误，所列项目应是在单位工程的施工过程中以其本身构成该单位工程实体的分项工程；B 选项错误，在拟建工程的施工图纸中有体现，但在专业工程量计算标准附录中没有相对应的项目，并且在附录项目的"项目特征"或"工程内容"中也没有提示时，必须编制补充项目；C 选项正确；D 选项错误，若采用标准图集或施工图纸能够全部或部分满足项目特征描述的要求，可采用"详见××图集"方式，不能满足项目特征描述要求的，仍应用文字描述。

15. 【2019 年真题】编制招标工程量清单时，用于暂未明确或不能详细说明工程、服务的暂列金额应提供项目及服务名称，并根据同类工程的合理价格估算确定的清单项目是（　　）。

A. 措施项目清单　　　　B. 暂列金额

C. 专业工程暂估价　　　D. 计日工

【解析】 本题考核暂列金额的设定。暂列金额应根据工程特点按招标文件的要求列项，可按用于暂未明确或不能详细说明工程、服务的暂列金额（如有）和用于合同价款调整的

暂列金额分别列项。用于暂未明确或不能详细说明工程、服务的暂列金额应提供项目及服务名称，并根据同类工程的合理价格估算暂列金额；用于合同价款调整的暂列金额可按招标图纸设计深度及招标工程实施工期等因素对合同价款调整的影响程度，结合同类工程情况合理估算。故 B 选项正确。

16.【2018 年真题】根据《建设工程工程量清单计价标准》关于招标工程量清单中暂列金额的编制，下列说法正确的是（　　）。

A. 应详列其项目名称、计量单位，不列明金额

B. 应列明暂定金额总额，不详列项目名称

C. 结算时应按合同约定计算并填写“确定金额”

D. 没有特殊要求一般不列暂列金额

【解析】 本题考核暂列金额的确定。暂列金额明细表由招标人填写“暂定金额”总额，采用费率计价方式计算暂定金额的，应分别填写“计算基础”“费率”，并计算填写“暂定金额”；采用总价计价方式计算暂定金额的，可直接填写“暂定金额”；投标人应将上述暂定金额填写并计入投标总价；结算时应按合同约定计算并填写“确定金额”。故 C 选项正确。

17.【2016 年真题】关于暂列金额，下列说法中正确的是（　　）。

A. 用于必然要发生但暂时不能确定价格的项目

B. 由承包人支配，按签证价格结算

C. 不能用于因工程变更而发生的索赔支付

D. 暂列金额明细表由招标人填写“暂列金额”总额

【解析】 本题考核暂列金额相关知识点。暂列金额用于发包人在工程量清单中暂定并包括在合同总价中，用于招标时尚未确定或详细说明的工程、服务和工程实施中可能发生的合同价款调整等所预留的费用。该费用由招标人支配，实际发生后才得以支付。故 D 选项正确。

18.【2023 年真题】关于招标人编制招标工程量清单的准备工作，下列说法正确的有（　　）。

A. 应认真研究设计文件，发现问题及时提出

B. 应进行现场踏勘

C. 应拟定考虑施工步骤的施工总方案

D. 应根据同类工程的合理价格估算暂列金额

E. 应调查了解当地政府对施工现场管理的要求

【解析】 本题考核招标人编制招标工程量清单的准备工作。A 选项正确，熟悉《建设工程工程量清单计价标准》、专业工程量计算标准、当地计价规定及相关文件；熟悉设计文件，掌握工程全貌，便于清单项目列项的完整、工程量的准确计算及清单项目的准确描述，对设计文件中出现的问题应及时提出；B 选项正确，现场踏勘是为了选用合理的施工组织设计和施工技术方案，需进行现场踏勘，以充分了解施工现场情况及工程特点；C 选项错误，

施工总方案只需对重大问题和关键工艺做原则性的规定，不需要考虑施工步骤；D 选项正确，同类工程的合理价格估算暂列金额；E 选项正确，现场踏勘要了解施工条件，施工条件包括当地政府有关部门对施工现场管理的一般要求、特殊要求及规定等。

19. **【2022 年补考真题】** 根据现行工程量清单计价标准，关于招标工程量清单编制，下列说法正确的有（　　）。

A. 应在现场踏勘的基础上进行编制

B. 工程量清单总说明中应明确对工程质量、材料和施工等的特殊要求

C. 项目名称应根据工程量计算标准附录中给定的项目名称确定

D. 安全生产措施项目应按国家及省级、行业主管部门的管理要求和招标工程的实际情况列项

E. 总承包服务费应列明服务内容和取费标准

【解析】 本题考核招标人编制招标工程量清单工作。A、B 选项正确；C 选项错误，项目名称应按专业工程量计算标准附录的项目名称结合拟建工程的实际确定；D 选项正确；E 选项错误，总承包服务费项目名称、服务内容由招标人填写，编制最高投标限价时，费率及金额由招标人按有关计价规定确定；投标时，费率及金额由投标人自主报价，计入投标总价中。

20. **【2022 年真题】** 在招标工程量清单总说明中应做出合理说明的内容有（　　）。

A. 基础及结构类型　　B. 施工场地的地表情况

C. 施工机械设备的选择要求　　D. 工程分包范围

E. 工程质量要求

【解析】 工程量清单总说明包括工程概况、工程招标及分包范围、工程量清单编制依据、工程质量、材料、施工等的特殊要求，故 D、E 选项正确；基础及结构类型属于工程概况中的工程特征，施工现场地表情况属于工程概况中的施工现场实际情况，故 A、B 选项正确；施工机械设备的选择属于拟定施工总方案的工作内容，该工作应在编制招标工程量清单的准备工作中完成。

21. **【2020 年真题】** 下列费用属于建设工程招标工程量清单中其他项目清单编制内容的有（　　）。

A. 暂列金额　　B. 暂估价

C. 计日工　　D. 总承包服务费

E. 措施费

【解析】 本题考核其他项目清单的组成内容。招标人编制其他项目清单时应编制暂列金额、暂估价、计日工和总承包服务费。

考点三、最高投标限价的编制

22. **【2023 年真题】** 关于最高投标限价的公布，下列说法正确的是（　　）。

A. 应在发布招标文件时一并公布　　B. 应在开标时公布

C. 应在评标时公布　　D. 应在公示中标候选人时公布

【解析】 建设工程招标设有最高投标限价的，应按国家有关规定编制最高投标限价，并在发布招标文件时公布最高投标限价及其编制依据。

23.【2023 年真题】根据《建设工程工程量清单计价标准》，招标人在编制最高投标限价时，下列风险因素应考虑纳入综合单价的是（　　）。

A. 人工单价波动风险　　B. 技术复杂项目的管理风险

C. 法律法规变化风险　　D. 税率变化风险

【解析】

<table>
<tr><td rowspan="2">风险因素</td><td>综合单价中应包括招标文件中要求投标人所承担的风险内容及其范围（幅度）产生的风险费用</td></tr>
<tr><td>对于技术难度较大和管理复杂的项目，可考虑一定的风险费用，并纳入综合单价中
对于工程设备、材料价格的市场风险，应依据招标文件的规定，工程所在地或行业工程造价管理机构的有关规定，以及市场价格趋势考虑一定率值的风险费用，纳入综合单价中
税金等法律、法规、规章和政策变化的风险和人工单价等风险费用不应纳入综合单价</td></tr>
</table>

24.【2022 年补考真题】根据现行工程量清单计价标准，下列价格风险因素中，招标人编制最高投标限价时考虑并计入综合单价的是（　　）。

A. 一定幅度内的人工单价的变化　　B. 一定幅度内的材料价格的变化

C. 政策的调整　　D. 税率的变化

【解析】 略。

25.【2021 年真题】下列关于最高投标限价公布，下列说法正确的是（　　）。

A. 应在发布招标文件时一并公布　　B. 应在开标时公布

C. 应在评标时公布　　D. 不应公布

【解析】 略。

参考答案

1	2	3	4	5	6	7	8	9	10
D	D	C	B	AD	AD	A	D	A	D
11	12	13	14	15	16	17	18	19	20
D	B	C	C	B	C	D	ABDE	ABD	ABDE
21	22	23	24	25					
ABCD	A	B	B	A					

【2025 考点预测】

1. 招标文件的组成内容（招标公告与投标邀请书、投标人须知与前附表、投标准备时间）。
2. 招标文件澄清与修改的相关规定。
3. 其他项目清单各项内容的确定。
4. 最高投标限价的适用范围及编制依据。
5. 编制最高投标限价的具体规定。

6. 编制最高投标限价时其他项目清单中各项目金额的确定。

7. 编制最高投标限价时应注意的问题。

第二节　投标报价的编制

【考点分解】

考点一、编制投标报价

考点二、编制投标文件

【真题实战】

考点一、编制投标报价

1. **【2023 年真题】** 下列关于招标工程量清单中的事项，投标人在工程投标报价时应重点关注的是（　　）。

A. 暂列金额的合理性　　　　B. 材料暂估价与市场价的差异

C. 计日工暂估数量的合理性　　　　D. 总承包服务费的服务内容

【解析】 暂列金额、材料暂估价、计日工暂估数量的风险由发包人承担，总承包服务费由投标人自主报价，所以投标人投标报价时应重点关注。故 D 选项正确。

2. **【2023 年真题】** 关于投标人在投标报价前对招标工程量清单中工程量的复核，下列说法正确的是（　　）。

A. 工程量的复核结果影响投标策略

B. 复核工程量的目的是修改工程量清单

C. 发现工程量有错误应立即向招标人提出修改意见

D. 应重点复核计日工数量

【解析】

目的	① 根据复核后的工程量与招标文件提供的工程量之间的差距，从而考虑相应的投标策略，决定报价裕度
	② 根据工程量的大小采取合适的施工方法
	③ 选择适用、经济的施工机具设备、投入使用相应的劳动力数量等
注意	① 仅需计算主要清单工程量，复核工程量清单
	② 采用单价合同的招标工程，无论投标人是否已提出疑问或异议，分部分项工程项目清单的完整性和准确性由招标人负责
	③ 采用总价合同的工程，在已标价工程量清单中，实体项目清单的准确性和完整性均应由投标人负责。无论投标人是否已提出疑问或异议，也无论招标人是否做出修正，投标人均可在已标价工程量清单中自行补充完善项目列项、项目特征描述、工程数量并报价，但有例外，招标工程量清单中暂定数量的实体项目则按单价合同进行计量计价
	④ 针对招标工程量清单中工程量的遗漏或错误，是否向招标人提出修改意见取决于投标策略

3. **【2022 年补考真题】**根据现行工程量清单计价标准，关于投标人在投标报价前对工程量的复核，下列说法正确的是（　　）。

A. 复核工程量的核心目的，是为了选取合适的施工方法

B. 应按投标企业定额项目划分标准，复核主要分部分项工程量

C. 复核发现招标工程量清单有误，可以自行增加措施项目

D. 复核发现招标单价合同的分部分项工程量清单有遗漏，应进行增补并予以说明

【解析】 略。

4. **【2022 年真题】**某项目拟采用工程量清单招标并签订单价合同，关于该工程投标综合单价的编制，下列说法正确的是（　　）。

A. 招标工程量清单特征描述与设计图纸不符时，应以项目特征描述为准

B. 政府材料指导价的变化风险在投标时应予以考虑

C. 施工机械台班价格变化风险不应考虑

D. 承包人承担材料、工程设备价格风险

【解析】 A 选项正确，在招标投标过程中，当出现招标工程量清单特征描述与设计图纸不符时，投标人应以招标工程量清单的项目特征描述为准；B 选项错误，政府材料指导价的变化风险由发包人承担，投标报价时无须考虑；C 选项错误，发承包双方可约定因燃料价格波动而允许调整大型施工机具使用费中的燃料动力费，施工机具中的其他使用费没有减少，如折旧费、大修费、经常修理费等，均不予调整合同价格，所以承包人投标报价时应考虑施工机械台班燃料动力费上涨幅度在合同约定风险幅度范围内的风险；D 选项错误，解析类同 C 选项。

5. **【2022 年真题】**根据现行工程量清单计价标准，投标人应按招标文件提供金额编制报价的项目是（　　）。

A. 安全生产措施费　　B. 暂列金额

C. 计日工　　D. 税金

【解析】 本题考核各项目投标报价的填报。暂列金额应按照招标人提供的其他项目清单中列出的金额填写，不得变动。

6. **【2021 年真题】**某分项工程招标工程量清单数量为 1000m^2，该分项工程的主要材料是 X 材料。X 材料在招标人提供的其他项目清单中的暂估价为 100 元/m^2。已知投标人的企业定额中，每 100m^2 分项工程的 X 材料消耗量为 102m^2。投标人调查的 X 材料市场价为 110 元/m^2，则投标人用企业定额编制的该分项工程的工程量清单综合单价分析表中，计列的 X 材料暂估合价为（　　）。

A. 100 元　　B. 102 元

C. 10.2 万元　　D. 11.22 万元

【解析】 投标报价时，材料暂估合价应按照企业定额中的消耗量与招标人提供的材料暂估单价相乘计算得到。因此 X 材料暂估合价 = 102×100×10 = 10.2（万元）。

7. **【2020 年真题】**关于建设工程投标报价的编制，下列说法正确的是（　　）。

A. 可不考虑拟订合同中的工程变更条款

B. 应仔细研究招标文件中给定的工程技术标准

C. 可不考虑施工现场用地情况

D. 不必关注工程所在地气象资料

【解析】 本题考核投标人编制投标文件时注意事项。投标人编制投标报价时，应仔细研究招标文件，A、C、D 选项所述因素均应予以考虑。

8. 【2020 年真题】投标人在进行建设工程投标报价时，下列事项应重点关注的是（　　）。

A. 施工现场市政设施条件　　B. 商业经理的业务能力

C. 投标人的组织架构　　D. 暂列金额的准确性

【解析】 本题考核投标报价编制前的准备工作。投标人编制投标报价前应调查施工现场，主要调查自然条件和施工条件，施工条件包括市政设施条件。故 A 选项正确。

9. 【2019 年真题】投标人复核招标工程量清单时发现了遗漏，是否向招标人提出修改意见取决于（　　）。

A. 招标文件规定是否允许提出增补

B. 遗漏工程量的大小

C. 投标人的投标策略

D. 遗漏项目是否在工程量计算标准附录中有列项

【解析】 略。

10. 【2019 年真题】投标报价时，投标人需严格按照招标人所列项目明细进行自主报价的是（　　）。

A. 措施项目　　B. 专业工程暂估价

C. 计日工　　D. 税金

【解析】 本题考核各项目投标报价的填报。措施项目费中的安全生产措施费属于不可竞争费用，必须按国家或者省级行政主管部门的规定计价，除安全生产措施费以外的其他措施费由投标人依据施工组织设计或施工方案自主报价；专业工程暂估价必须按招标工程量清单中列出的价格填写；计日工综合单价与合价由投标人根据自身情况自主报价；税金属于不可竞争费用，必须按照国家规定计价。故 C 选项正确。

11. 【2019 年真题】在投标报价确定分部分项工程综合单价时，应根据所选的计算基础计算工程内容的工程量，该数量应为（　　）。

A. 实物工程量　　B. 施工工程量

C. 定额工程量　　D. 复核的清单工程量

【解析】 本题考核分部分项综合单价的计算。计算基础主要包括消耗量指标和生产要素单价。应根据本企业的实际消耗量水平，并结合拟定的施工方案确定完成清单项目需要消耗的各种人工、材料、施工机具台班的数量，因此，计算的工程量为定额工程量。

12. 【2018 年真题】施工投标报价工作包括：①工程现场调查；②组建投标报价班子；③确定基础报价；④制定项目管理规划；⑤复核清单工程量，下列工作排序正确的是（　　）。

A. ①④②③⑤　　B. ②③④①⑤

C. ①②③④⑤　　D. ②①⑤④③

【解析】 本题考核投标报价的编制流程。本题快速确定答案宜采用排除法，工程现场勘查一定在组建投标班子之后，只有组建投标班子之后才有专业人员进行现场勘查，故可排除A、C选项；制定项目管理规划一定在复核工程量清单之后，因为需要依据复核的工程量大小来制定管理规划，因此可确定D选项正确；另外，确定基础报价一定在复核工程量之后，需要根据复核工程量的准确程度决定报价尺度，根据此思路可确定D选项正确。

13. **【2018年真题】**相较于在劳务市场招募零散的劳动力，承包人选择成建制劳务公司法人劳务分包具有（　　）的特点。

A. 价格低，管理强度低　　B. 价格高，管理强度低

C. 价格低，管理强度高　　D. 价格高，管理强度高

【解析】 本题考核劳务询价的途径及特点。劳务询价主要有劳务公司和市场零散劳动力。劳务公司一般费用较高，但素质较可靠、工效较高、承包商的管理工作较轻；零散劳动力价格低廉，但有时素质达不到要求或工效较低，且承包商的管理工作较繁重。故B选项正确。

14. **【2018年真题】**关于工程施工投标报价过程中的工程量复核，下列说法正确的是（　　）。

A. 复核的准确程度不会影响施工方法的选用

B. 复核的目的在于修改工程量清单中的工程量

C. 复核有助于防止由于物资少而导致的停工待料

D. 复核中发现的遗漏和错误应向招标人提出

【解析】 略。

15. **【2017年真题】**根据《建设工程工程量清单计价标准》规定，在招标文件未另有要求的情况下，投标报价的综合单价一般要考虑的风险因素是（　　）。

A. 政策法规的变化　　B. 人工单价的市场变化

C. 政府定价材料的价格变化　　D. 管理费、利润的风险

【解析】 略。

16. **【2017年真题】**根据《建设工程工程量清单计价标准》规定，单价合同中关于施工发承包投标报价的编制，下列做法正确的是（　　）。

A. 设计图纸与招标工程量中分部分项清单项目特征描述不同的，以设计图纸特征为准

B. 暂列金额应按照招标工程量清单中列出的金额填写，不得变动

C. 材料、工程设备暂估价应按暂估单价，乘以所需数量后计入其他项目费

D. 总承包服务费应按照投标人提出的协调、配合和服务项目自主报价

【解析】 本题考核投标报价的编制。A选项错误，单价合同投标报价时，设计图纸与清单项目特征不一致时以清单项目特征描述为准；B选项正确；C选项错误，材料、设备为暂估价，应当按照工程量清单载明的暂估价计入分部分项工程的综合单价；D选项错误，总包服务费应按照招标人而非投标人提出的协调、配合及服务项目自主报价。

17.【2017 年真题】施工招标工程量清单中，应由投标人自主报价的其他项目是（　　）。

A. 专业工程暂估价　　B. 暂列金额

C. 工程设备暂估价　　D. 计日工单价

【解析】 本题考核其他项目清单投标报价的填报。A、B 选项错误，专业工程暂估价、暂列金额应按招标工程量清单载明的价格填报；C 选项错误，工程设备暂估价按招标工程量清单载明的价格计入分部分项综合单价；D 选项正确，计日工应按招标工程量清单列出的项目和估算的数量，自主确定综合单价。

18.【2016 年真题】投标人在投标前期研究招标文件时，对合同形式进行分析的主要内容为（　　）。

A. 承包商任务　　B. 计价方式

C. 付款办法　　D. 合同价款调整

【解析】 本题考核合同形式分析的内容。合同形式分析主要分析承包方式（如分项承包、施工承包、设计与施工总承包和管理承包等）、计价方式（如单价方式、总价方式、成本加酬金方式等），故 B 选项正确。

19.【2016 年真题】根据《建设工程工程量清单计价标准》规定，允许投标人根据具体情况对招标工程量清单进行调整或增加的内容是（　　）。

A. 单价合同中分部分项工程量清单　　B. 措施项目清单

C. 暂列金额　　D. 计日工

【解析】 本题考核措施项目清单的编制。措施项目的内容应依据招标人提供的措施项目清单和投标人投标时拟定的施工组织设计或施工方案确定，若招标工程量清单出现未列的项目，可根据工程实际情况补充。

20.【2022 年补考真题】投标人在研究招标文件时，通过投标人须知可以了解的信息有（　　）。

A. 项目资金来源　　B. 付款方式

C. 投标保证金要求　　D. 评标方法

E. 投标文件的递交要求

【解析】 投标人须知包括 10 个方面内容，但不含付款方式，故 A、C、D、E 选项正确，B 选项错误。

21.【2020 年真题】投标人在确定综合单价时需要注意的事项有（　　）。

A. 清单项目的特征描述　　B. 清单项目的编码顺序

C. 材料暂估价的处理　　D. 材料、设备市场价格的变化风险

E. 税金的变化风险

【解析】 本题考核投标人确定综合单价的依据和考虑的风险因素。招标人确定综合单价时应以项目特征描述为依据；材料暂估价应按其暂估单价计入清单项目综合单价，故 A、C、D 选项正确；而清单项目编码顺序是招标人提供的，税金的变化风险是招标人应承担的风险，不必考虑，故 B、E 选项不正确。

22. **【2019年真题】**投标报价的分包询价，投标人应注意的问题有（　　）。

A. 分包标函是否完整　　B. 分包单价所包含的内容

C. 分包人是否自有专用施工机具　　D. 分包人可信赖程度

E. 分包人的质量保证措施

【解析】 本题考核分包询价的内容。应注意分包标函是否完整、分包工程单价所包含的内容、分包人的工程质量、信誉及可信赖程度、质量保证措施、分包报价。

23. **【2017年真题】**关于施工投标报价中下列说法中正确的有（　　）。

A. 投标人应逐项目计算工程量，复核工程量清单

B. 投标人应修改错误的工程量，并通知招标人

C. 投标人可以不向招标人提出复核工程量中发现的遗漏

D. 投标人可以通过复核防止由于订货超量带来的浪费

E. 投标人应根据复核工程量的结果选择适用的施工设备

【解析】 略。

考点二、编制投标文件

24. **【2023年真题】**某招标项目的估算价为2000万元。根据《中华人民共和国招标投标法实施条例》，该项目的投标保证金最高为（　　）万元。

A. 20　　B. 30

C. 40　　D. 50

【解析】 本题考核投标保证金的计算。投标保证金的数额不得超过项目估算价的2%；计算过程：2000×2%＝40（万元）。

25. **【2022年补考真题】**关于投标保证金和投标有效期，下列说法正确的是（　　）。

A. 投标有效期从投标文件送达后开始计算

B. 一般项目的投标有效期为30～60天

C. 投标保证金的有效期与投标有效期保持一致

D. 投标保证金的数额不得超过项目估算价的1.5%

【解析】

<table>
<tr><th colspan="3">投标保证金与投标有效期</th></tr>
<tr><td rowspan="6">投标保证金</td><td colspan="2">投标人应按招标文件规定的日期、金额、形式递交投标保证金，并作为其投标文件的组成部分</td></tr>
<tr><td colspan="2">联合体投标的，其投标保证金由牵头人或联合体各方递交，并应符合规定</td></tr>
<tr><td>形式</td><td>除现金外，可以是银行出具的银行保函、保兑支票、银行汇票或现金支票</td></tr>
<tr><td>数额</td><td>投标保证金的数额不得超过项目估算价的2%</td></tr>
<tr><td>账户</td><td>以现金或者支票形式提交的投标保证金应当从其基本账户转出</td></tr>
<tr><td>没收</td><td>① 投标人在规定的投标有效期内撤销或修改其投标文件
② 中标人在收到中标通知书后，无正当理由拒签合同协议书或未按招标文件规定提交履约担保</td></tr>
</table>

（续）

投标保证金与投标有效期		
投标有效期	起止	投标有效期从投标截止时间起开始计算，主要用作组织评标委员会评标、招标人定标、发出中标通知书以及签订合同等工作
	因素	① 组织评标委员会完成评标需要的时间 ② 确定中标人需要的时间 ③ 签订合同需要的时间
	期限	投标有效期的期限可根据项目特点确定，一般项目投标有效期为60~90天。投标保证金的有效期应与投标有效期保持一致
	延长	出现特殊情况需要延长投标有效期的，招标人以书面形式通知所有投标人延长投标有效期。投标人同意延长的，应相应延长其投标保证金的有效期，但不得要求或被允许修改其投标文件的实质性内容；投标人拒绝延长的，其投标失效，但投标人有权收回其投标保证金

26. **【2021年真题】**投标人投标时要仔细研究招标文件，忽视以下做法将影响投标文件的完整性的是（　　）。

A. 忽视监理作用　　B. 忽视合同条款中工程变更的规定

C. 忽视合同条款中工期奖罚　　D. 忽视技术标准的要点

【解析】 本题考核研究招标文件相关知识点。投标人研究招标文件应仔细研究投标人须知、合同分析、技术标准和要求，故D选项正确。

27. **【2020年真题】**关于施工总承包建设工程投标文件的内容，下列说法正确的是（　　）。

A. 不包括施工组织设计

B. 应提供投标人的法定代表人身份证明或附有法定代表人身份证明的授权委托书

C. 应包括深化设计图纸

D. 不包括拟分包项目情况表

【解析】 本题考核投标文件的组成。投标文件应包括投标人的法定代表人身份证明或附有法定代表人身份证明的授权委托书。故B选项正确。

28. **【2017年真题】**关于联合体投标需遵循的规定，下列说法中正确的是（　　）。

A. 联合体各方签订共同投标协议后，可再以自己名义单独投标

B. 资格预审后联合体增减、更换成员的，其投标有效性待定

C. 由同一专业的单位组成的联合体，按其中较高资质确定联合体资质等级

D. 联合体投标的，可以联合体牵头人的名义提交投标保证金

【解析】 本题考核联合体投标相关知识。联合体投标需要注意以下几点：①定义，两个及以上法人或者其他组织可以组成一个联合体，以一个投标人的身份共同投标；②资质，由同一专业的单位组成的联合体，按照等级较低的单位确定资质等级；③共同投标协议，联合体各方应当签订共同投标协议，明确约定各方拟承担的工作和责任，并将共同投标协议连同投标文件一并提交招标人；④组成时间，招标人接受联合体投标并进行资格预审的，联合

体应当在提交资格预审申请文件前组成；资格预审后联合体增减、更换成员的，其投标无效；⑤签订合同及责任分担，联合体中标的，联合体各方应当共同与招标人签订合同，就中标项目向招标人承担连带责任；⑥牵头人，联合体各方应当指定牵头人，授权其代表所有联合体成员负责投标和合同实施阶段的主办、协调工作，并应当向招标人提交由所有联合体成员法定代表人签署的授权书；联合体投标的，应当以联合体各方或者联合体中牵头人的名义提交投标保证金；以联合体牵头人名义提交的投标保证金，对联合体各成员具有约束力；⑦公布，招标人应当在资格预审公告、招标公告或者投标邀请书中载明是否接受联合体投标；⑧禁止规定，联合体各方在同一招标项目中以自己名义单独投标或者参加其他联合体投标的，相关投标均无效。

29. **【2023 年真题】**关于投标有效期的确定，下列说法正确的有（　　）。

A. 从招标文件开始发出之日起算

B. 应考虑资格预审的时间

C. 应考虑评标需要的时间

D. 应考虑确定中标人需要的时间

E. 应考虑签订合同需要的时间

【解析】 略。

30. **【2022 年真题】**下列投标人的行为，属于投标人相互串通投标的有（　　）

A. 不同投标人之间约定中标人

B. 不同投标人的投标文件异常一致或者投标报价呈规律性差异

C. 投标人之间约定部分投标人放弃投标

D. 不同投标人的投标文件相互混装

E. 不同投标人委托同一单位或者个人办理投标事宜

【解析】 有下列情形之一的，属于投标人相互串通投标：

① 投标人之间协商投标报价等投标文件的实质性内容；

② 投标人之间约定中标人；

③ 投标人之间约定部分投标人放弃投标或者中标；

④ 属于同一集团、协会、商会等组织成员的投标人按照该组织要求协同投标；

⑤ 投标人之间为谋取中标或者排斥特定投标人而采取的其他联合行动。

31. **【2018 年真题】**投标人在递交投标文件后，其投标保证金按规定不予退还的情形有（　　）。

A. 投标人在投标有效期内撤销投标文件的

B. 投标人拒绝延长投标有效期的

C. 投标人在投标截止日前修改投标文件的

D. 中标后无故拒签合同协议书的

E. 中标后未按招标文件规定提交履约担保的

【解析】 本题考核投标保证金退还相关规定。投标截止时间后撤销投标文件、中标后不按要求提交履约保函及无正当理由拒绝签订合同的，招标人可以不退还投标保证金，故A、D、E 选项正确；投标人拒绝延长投标有效期的，其投标文件无效，但有权收回其投标保证金，故 B 选项错误；投标人在投标截止时间前允许修改、替代、撤回已提交的投标文件，故 C 选项错误。

32. **【2017 年真题】** 根据我国现行施工招标投标管理规定，投标有效期的确定一般应考虑的因素有（　　）。

A. 投标报价需要的时间　　B. 组织评标需要的时间

C. 确定中标人需要的时间　　D. 签订合同需要的时间

E. 提交履约保函需要的时间

【解析】 略。

参考答案

1	2	3	4	5	6	7	8	9	10
D	A	C	A	B	C	B	A	C	C
11	12	13	14	15	16	17	18	19	20
C	D	B	C	D	B	D	B	B	ACDE
21	22	23	24	25	26	27	28	29	30
ACD	ABDE	CDE	C	C	D	B	D	CDE	AC
31	32								
ADE	BCD								

【2025 考点预测】

1. 劳务询价的途径及优缺点对比。
2. 分包询价应注意的问题。
3. 复核工程量的目的及发现错漏项的处理。
4. 投标报价的编制原则及依据。
5. 确定综合单价时项目特征不符及其他项目费的填报。
6. 建安工程费各费用要素风险界限的划分。
7. 投标文件的递交、投标保证金、投标有效期相关规定。
8. 联合体投标相关规定。

第三节　中标价及合同价款的约定

【考点分解】

考点一、评标程序及评审标准

考点二、中标人的确定

考点三、合同价款的约定

【真题实战】

考点一、评标程序及评审标准

1. **【2023 年真题】** 下列关于评标委员会成员的说法，正确的是（　　）。

A. 成员的名单应在开标后、评标前确定

B. 成员的名单应随中标候选人一并公示

C. 成员对中标人有决定权

D. 成员中技术、经济等方面专家不得少于三分之二

【解析】 本题考核评标委员会的组建。评标委员会成员名单一般应于开标前确定，而且该名单在中标结果确定前应当保密。评标委员会在评标过程中是独立的，任何单位和个人都不得非法干预、影响评标过程和结果。除招标文件中特别规定了授权评标委员会直接确定中标人外，招标人应依据评标委员会推荐的中标候选人确定中标人。

2. **【2023 年真题】** 某项目采用综合评估法评标，其中投标报价部分总分值为 35 分，评标基准价为投标人报价的算术平均值，偏差率=[（投标人报价-评标基准价）/评标基准价]×100%。当投标报价>评标基准价时，投标报价得分=35-偏差率×100×2；当投标报价≤评标基准价时，投标报价得分=35-偏差率×100×1。本项目有甲、乙、丙、丁四个通过初评的投标人，投标报价分别为 7000 万元、7300 万元、7200 万元、6900 万元。该项目投标报价得分最高的投标人是（　　）。

A. 甲　　　　B. 乙

C. 丙　　　　D. 丁

【解析】 本题考核考虑评标得分的计算。计算过程：基准价=(7000+7300+7200+6900)÷4=7100（万元）；甲=35-(1-7000÷7100)×100×1=33.59（分）；乙=35-(7300÷7100-1)×100×2=29.37（分）；丙=35-(7200÷7100-1)×100×2=32.18（分）；丁=35-(1-6900÷7100)×100×1=32.18（分）。故投标人甲得分最高。

3. **【2022 年补考真题】** 某世行贷款项目采用经评审的最低投标价法评标，招标文件规定同时投多个标段的评标修正率为 5%。投标人甲同时投Ⅰ、Ⅱ标段，其报价分别 6000 万元、4500 万元。在甲已中标Ⅰ标段的情况下，其Ⅱ标段的评标价格应为（　　）万元。

A. 4200　　　　B. 4275

C. 4500　　　　D. 4725

【解析】 本题考核考虑评标优惠后的评标价计算。计算过程：4500×(1-5%)=4275（万元）。

4. **【2022 年真题】** 某建筑工程招标采用经评审的最低投标价法评标，招标文件对同时投多个标段的评标修正率为 3%。甲、乙同时投Ⅰ、Ⅱ标段，其报价见下表，若甲投标人Ⅰ标段中标，不考虑其他量化因素，则甲乙在Ⅱ标段的评标价格应分别为（　　）万元。

投标人价格	Ⅰ标段	Ⅱ标段
甲报价/万元	7000	6500
乙报价/万元	7200	6000

A. 6500、6000　　B. 6305、5820

C. 6305、6000　　D. 6500、5820

【解析】 甲Ⅱ标段评标价：6500×(1−3%)＝6305（万元）；乙投标人评标价仍为6000（万元）。

5. 【2021年真题】某招标项目有两个标段招标，采用经评审的最低投标价法评标，招标文件规定对同时投多个标段的评标修正率为4%。甲乙投标人均同时投标1号、2号标段，投标人甲报价分别为8000万元、7000万元；投标人乙报价分别为8500万元、6800万元。若甲在1号标段中标，则其投标人甲、乙在2号标段的评标价分别为（　　）万元。

A. 6720、6500　　B. 6720、6800

C. 7280、6800　　D. 7280、7072

【解析】 本题考核考虑评标优惠后的评标价计算。甲投标人如第一标段中标，则第二标段评标价为7000×(1−4%)＝6720（万元）；因乙投标人第一标段并未中标，所以不考虑评标修正率，不考虑其他因素的前提下评标价为6800万元，故B选项正确。

6. 【2020年真题】建设工程评标过程中遇下列情形，评标委员会可直接否决投标文件的是（　　）。

A. 投标文件中的大、小写金额不一致　　B. 未按施工组织设计方案进行报价

C. 投标联合体没有提交共同投标协议　　D. 投标报价中采用了不平衡报价

【解析】 本题考核评标委员会算术错误修正原则及否决投标情形。投标联合体没有提交共同投标协议属于重大偏差，评标委员会应当直接否决其投标，故C选项正确。

7. 【2020年真题】对于综合评估法中的评标基准价的确定，下列说法正确的是（　　）。

A. 按所有有效投标人中的最低投标价确定

B. 按所有有效投标人的平均投标价确定

C. 按所有有效投标人的平均投标价乘以事先约定的浮动系数确定

D. 按项目特点、行业管理规定自行确定

【解析】 本题考核评标基准价的确定。评标基准价的计算方法应在投标人须知前附表中予以明确。招标人可依据招标项目的特点、行业管理规定给出评标基准价的计算方法，确定时也可适当考虑投标人的投标报价。故D选项正确。

8. 【2019年真题】某高速公路项目招标采用经评审的最低投标价法评标，招标文件规定对同时投多个标段的评标修正率为4%。现有投标人甲同时投标1号、2号标段，其报价依次为7000万元、6000万元，若甲在1号标段已被确定为中标，则其在2号标段的评标价是（　　）万元。

A. 5720　　　　B. 6240

C. 5760　　　　D. 6280

【解析】 计算过程：6000×(1−4%)= 5760（万元）。

9. **【2019 年真题】** 下列投标文件的评审内容，属于清标工作的是（　　）。

A. 营业执照的有效性

B. 营业执照、资质证安全生产许可证的一致性

C. 投标函上签字盖章的合法性

D. 投标文件是否实质性响应招标文件

【解析】 本题考核清标和初步评审的内容。清标的主要工作是判定招标文件的实质性响应、错漏项分析、不平衡报价分析、算术修正及各个清单的完整性、合理性和正确性分析。其中注意完整性、合理性、正确性区分：综合单价是投标人自主报价，只做合理性分析，措施项目要分析是否完整，涉及自主报价的要分析合理性，不可竞争费用是按规定计算，所以要分析正确性，其他项目清单首先要分析完整性，对自主报价部分分析合理性，暂列金额及暂估价要分析正确性。A、B、C 选项均属于初步评审工作内容。

10. **【2018 年真题】** 根据《评标委员会和评标方法暂行规定》，评标委员会发现的投标报价算数错误，应由（　　）进行修正。

A. 评标委员会　　　　B. 招标监督机构

C. 招标人　　　　D. 投标人

【解析】 本题考核投标报价算术错误的修正。投标报价有算术错误的，评标委员会对投标报价进行修正，修正的价格经投标人书面确认后具有约束力。投标人不接受修正价格的，其投标被否决。算术错误的修正原则：①投标函（投标总价扉页）内填报的投标总价大写金额与小写金额不一致的，应以大写金额为准，修正相应小写金额；②投标人所报的已标价工程量清单项目的合价与其清单项目数量乘以综合单价计算结果不一致的，应以清单项目综合单价为准，修正合价，但如相应清单项目的合价除以其工程数量得到的综合单价与已标价工程量清单内相同清单项目的综合单价相符，或清单项目的综合单价小数点有明显错误或明显不合理的，应以清单项目合价为准，修正其综合单价；③不同文字文本不一致的以中文文本为准。故 A 选项正确。

11. **【2018 年真题】** 某招标工程采用综合评估法评标，报价越低的报价得分越高，评分因素、权重比例、各投标人得分情况见下表，则推荐的第一中标候选人应为（　　）。

评分因素	权重（%）	投标人得分		
		甲	乙	丙
施工组织设计	30	90	100	80
项目管理机构	20	80	90	100
投标报价	50	100	90	80

A. 甲　　　　B. 乙

C. 丙　　　　D. 甲或乙

【解析】 本题考核综合评估法得分的计算。甲：90×30%+80×20%+100×50%=93（分）；乙：100×30%+90×20%+90×50%=93（分）；丙：80×30%+100×20%+80×50%=84（分）。甲乙较高且相等，应适用的规定为"综合评分相等时，以投标报价低的优先；投标报价也相等的，优先条件由招标人事先在招标文件中确定"。甲乙综合得分相等，但甲的报价更低，故应选择甲投标人为第一中标候选人。

12. **【2017 年真题】** 下列施工评标及相关工作事宜中，属于清标工作内容的是（　　）。

A. 投标文件的澄清　　　　B. 施工组织设计评审

C. 形式评审　　　　D. 不平衡报价分析

【解析】 略。

13. **【2017 年真题】** 我国某世界银行贷款项目采用经评审的最低投标价法评标，招标文件规定借款国内投标人有 7.5%的评标优惠，若投标工期提前，则按每月 25 万美元进行报价修正，现国内甲投标人报价 5000 万美元，承诺较投标要求工期提前 2 个月，则甲投标人评标价为（　　）万美元。

A. 5000　　　　B. 4625

C. 4600　　　　D. 4575

【解析】 本题考核评标价的修正。计算过程：5000×(1−7.5%)−2×25=4575（万美元)。

14. **【2017 年真题】** 关于评标过程中，对投标报价算术错误的修正，下列做法中正确的是（　　）。

A. 评标委员会应对报价中的算术性错误进行修正

B. 修正的价格，经评标委员会书面确认后具有约束力

C. 投标人应接受修正价格，否则将没收其投标保证金

D. 投标文件中的大写与小写金额不一致的，以小写金额为准

【解析】 本题考核评标算术修正相关规定。A 选项正确；B、C 选项错误，评标委员会修正的价格经投标人书面确认后具有约束力；投标人拒绝的，其投标应当被否决，但投标人有权收回其投标保证金；D 选项错误，投标函（投标总价扉页）内填报的投标总价大写金额与小写金额不一致的，应以大写金额为准，修正相应小写金额。

15. **【2016 年真题】** 下列评标时所遇情形中，评标委员会应当否决其投标的是（　　）。

A. 投标文件中大写金额与小写金额不一致

B. 投标文件总价金额与依据单价计算出的结果不一致

C. 投标文件未经投标单位盖章和单位负责人签字

D. 对不同文字文本投标文件的解释有异议的

【解析】 本题考核投标文件被否决的情形。投标文件被否决的包括下列情形：两个报价（要求提交备选标的除外）、有违法行为、联合体未附联合体投标协议、未对招标文件做出实质性响应、签字盖章不符合要求、低于成本报价、资质条件不符合要求。A、B、D 选

项均属于细微偏差，评标委员会修正后经投标人确认投标文件继续有效。

16. 【2016 年真题】关于建设工程施工评标，下列说法中正确的是（　　）。

A. 评标委员会按照公平、公正、公开的原则评标

B. 评标委员会可以接受投标人主动提出的澄清

C. 评标委员会可以要求投标人澄清投标文件疑问直至满足评标委员会的要求

D. 评标委员会有权直接确定中标人

【解析】　本题考核评标及确定中标人相关知识。A 选项错误，评标活动应遵循公平、公正、科学择优的原则评标，并没有公开原则，如评标委员会成员名单在中标结果确定前应保密；B 选项错误，评标委员会可以要求投标人对投标文件含义不清、描述不一致、计算错误的内容进行澄清说明，但是不得接受投标人主动提交的澄清说明，也不得提出暗示、诱导性问题；C 选项正确；D 选项不严谨，招标人应当自主确定中标人，也可以授权评标委员会确定，即评标委员会只有在得到授权的情况下才有权确定中标人。

17. 【2016 年真题】某招标项目采用经评审的最低投标价法评标，招标文件规定对同时投多个标段的评标修正率为 5%。投标人甲同时投标 1 号、2 号标段，报价分别为 5000 万元、4000 万元。若甲在 1 号标段中标，则其在 2 号标段的评标价为（　　）万元。

A. 3750　　　　B. 3800

C. 4200　　　　D. 4250

【解析】　本题考核评标价的修正。计算过程：4000×(1−5%)＝3800（万元）。

18. 【2023 年真题】下列评标中遇到的情形，评标委员会可直接否决其投标的有（　　）。

A. 投标文件中的大、小写金额不一致

B. 投标文件未经投标单位盖章

C. 投标文件中存在不平衡报价

D. 投标报价高于最高投标限价

E. 投标人不接受评标委员会的算数修正价格

【解析】　本题考核评标委员会否决投标的情形。A 选项错误，投标函（投标总价扉页）内填报的投标总价大写金额与小写金额不一致的，应以大写金额为准，修正相应小写金额；B 选项错误，投标文件未经投标单位盖章和单位负责人签字，法理上只有既没有签字也没有盖章才作为无效标，而实务中一般招标文件要求既要签字又要盖章；C 选项错误，投标人采用不平衡报价不影响投标文件的有效性；D 选项正确，投标报价高于最高投标限价属于未对招标文件做出实质性响应，应当否决其投标；E 选项正确，投标报价有算术错误的，评标委员会对投标报价进行修正，修正的价格经投标人书面确认后具有约束力。投标人不接受修正价格的，其投标被否决。

19. 【2022 年真题】下列对投标文件进行评审的工作中，属于初步评审工作的有（　　）。

A. 单价与合价的算术性复核及修正建议

B. 审查类似项目业绩

C. 分析报价构成的合理性

D. 修正有算术错误的报价

E. 按招标文件中规定的量化因素和标准进行价格折算

【解析】 A选项错误，单价与合价的算术性复核及修正建议属于清标工作内容；B选项正确，审查类似项目业绩属于资格评审工作内容；C选项正确，分析报价构成的合理性属于响应性评审；D选项正确，算术错误的修正属于初步评审工作；E选项错误，按招标文件中规定的量化因素和标准进行价格折算属于经评审的最低投标价法中的详细评审工作内容。

考点二、中标人的确定

20. **【2022年补考真题】**关于依法必须招标项目合同签订的相关规定，下列说法正确的是（　　）。

A. 中标人无正当理由拒签合同的，招标人可取消其中标资格并对其罚款

B. 招标人和中标人签订合同后5日内，应向投标人退还投标保证金及其利息

C. 招标人没收被取消中标资格投标人的投标保证金后，不得再要求其他赔偿

D. 招标人无正当理由拒签合同的，应在投标保证金范围内赔偿中标人损失

【解析】 A、C、D选项错误，中标人无正当理由拒签合同的，招标人取消其中标资格，其投标保证金不予退还；给招标人造成的损失超过投标保证金数额的，中标人还应当对超过部分予以赔偿；B选项正确。

21. **【2022年真题】**关于履约担保的说法正确的是（　　）。

A. 中标人提供履约担保的，招标人应同时向中标人提供工程款支付担保

B. 最高不得超过项目估算价的10%

C. 有效期自合同生效之日起至合同约定的竣工验收之日时止

D. 发包人应在竣工验收后28天内将履约担保退还给承包人

【解析】 本题考核履约担保相关规定。A选项正确；B选项错误，履约担保金额最高不得超过中标合同金额的10%；C、D选项错误，履约担保的有效期自合同生效之日起至合同约定的中标人主要义务履行完毕止，发包人应在工程接收证书颁发后28天内将履约担保退还给承包人。

22. **【2018年真题】**依法必须招标的项目中标公示应包含的内容是（　　）。

A. 评标委员会全体成员名单

B. 所有投标人名单及排名情况

C. 投标人的各评分要素的得分情况

D. 中标候选人投标报名或开标时提供的业绩信誉情况（有业绩信誉条件的）

【解析】 本题考核公示的相关内容。公示人员是全部中标候选人名单及排名，而非排名第一的中标候选人，也非全部投标人；公示内容含资格条件和业绩信誉（不含各评分要素得分情况），中标候选人名称、排序、工期、质量及评标情况，项目负责人身份证号及证书编号，提出异议的渠道及方式等。故D选项正确。

23. **【2017年真题】**依法必须招标的工程，对投标保证金的退还，下列处置方式正确的

有（　　）。

A. 中标人无正当理由拒签合同，投标保证金不予退还

B. 投标人无正当理由拒签合同的，应向中标人退还投标保证金

C. 招标人与中标人签订合同的，应在合同签订后向中标人退还投标保证金

D. 招标人与中标人签订合同的，应向未中标人退还投标保证金及利息

E. 未中标人的投标保证金，应在中标通知书发出同时退还

【解析】 本题考核投标保证金的没收及退还。投标保证金不予退还的情形有投标截止时间后撤销、修改投标文件、确定为中标人放弃中标、拒绝签订施工合同、拒绝提交履约保函等；保证金的退还，招标人应在签订合同 5 日内退还中标人和所有未中标人的投标保证金及银行同期存款利息。故 A、D 选项正确，B、E 选项错误，C 选项不完整，签订合同后不仅要退还中标人的投标保证金及同期银行存款利息，还应退还未中标的投标人投标保证金及同期银行存款利息，所以本着谨慎原则，C 选项不当选。

24. **【2016 年真题】** 根据《招标投标法实施条例》，关于依法必须招标项目中标候选人的公示，下列说法中正确的有（　　）。

A. 应公示中标候选人　　B. 公示对象是全部中标候选人

C. 公示期不得少于 3 日　　D. 公示在开标后的第二天发布

E. 对有业绩信誉条件的项目，其业绩信誉情况应一并进行公示

【解析】 本题考核公示的相关内容。A、B、C、E 选项正确；D 选项错误，招标人应当自收到评标报告之日起 3 日内公示中标候选人。

考点三、合同价款的约定

25. **【2021 年真题】** 对于招标发包的项目，即以招标投标方式签订的合同中，签约合同价为（　　）。

A. 中标价　　B. 最高投标限价

C. 投标报价　　D. 竣工结算价

【解析】 本题考核签约合同价。招标人和中标人签订合同，依据中标价确定签约合同价，并在合同中载明，完成合同价款的约定过程。故 A 选项正确。

26. **【2022 年补考真题】** 在下列不同特点的工程中，较适合采用成本加酬金方式确定合同价款的有（　　）。

A. 技术难度低的工程　　B. 建设规模较小的工程

C. 紧急抢险工程　　D. 工期较短的工程

E. 施工技术特别复杂的工程

【解析】

合同类型	发包人可根据工程的招标图纸设计深度、技术难度、建设规模、项目实施计划及工程量清单编制时间、计价风险等因素，选择采用单价合同或总价合同
	紧急抢险、救灾以及施工技术特别复杂的，可以采用成本加酬金方式

27.【2020 年真题】关于招标人与中标人合同的签订，下列说法正确的有（　　）。

A. 双方按照招标文件和投标文件订立书面合同

B. 双方在投标有效期内并在自中标通知书发出之日起 30 日内签订施工合同

C. 招标人要求中标人按中标价下浮 3%后签订施工合同

D. 中标人无正当理由拒绝签订合同的，招标人可不退还其投标保证金

E. 招标人在中标人签订合同后 5 日内，向所有投标人退还投标保证金

【解析】 本题考核签订合同相关知识点。招标人和中标人应当按照招标文件和中标人的投标文件订立书面合同，A 选项只说依据投标文件不严谨，不当选；招标人和中标人应当在投标有效期内并在自中标通知书发出之日起 30 日内，按照招标文件和中标人的投标文件订立书面合同，故 B 选项正确，C 选项错误；发出中标通知书后，招标人无正当理由拒签合同的，招标人向可以不退还投标保证金，给中标人造成损失的，还应当赔偿损失，故 D 选项正确；招标人最迟应当在与中标人签订合同后 5 日内，向中标人和未中标的投标人退还投标保证金及银行同期存款利息，故 E 选项不严谨，不当选。

28.【2019 年真题】下列条件下的建设工程，其施工承包合同适合采用成本加酬金方式确定合同价的有（　　）。

A. 工程建设规模小

B. 施工技术特别复杂

C. 工期较短

D. 紧急抢险项目

E. 施工图设计还有待进一步深化

【解析】 略。

参考答案

1	2	3	4	5	6	7	8	9	10
D	A	B	C	B	C	D	C	D	A
11	12	13	14	15	16	17	18	19	20
A	D	D	A	C	C	B	DE	BCD	B
21	22	23	24	25	26	27	28		
A	D	AD	ABCE	A	CE	BD	BD		

【2025 考点预测】

1. 清标的时间及主要工作内容。
2. 初步评审阶段工作内容。
3. 评标阶段关于投标人澄清说明的相关规定。
4. 投标报价算术错误的修正原则。
5. 未实质性响应的投标具体情形。
6. 详细评审的方法分类及适用情形、评标修正的计算。

7. 公示中标候选人的公示范围、媒介、时间、内容及异议处理。
8. 确定中标人的条件及相关规定。
9. 履约担保的作用、形式、拒绝及返还。
10. 合同的类型选择、签订时间、依据及投标保证金的返还。

第四节　工程总承包及国际工程合同价款的约定

【考点分解】

考点一、工程总承包合同价款的约定

考点二、国际工程招标投标及合同价款的约定

【真题实战】

考点一、工程总承包合同价款的约定

1. **【2023 年真题】** 下列工程总承包的类型中，总包方能承担项目可行性研究工作的是（　　）。

A. EPC 总承包　　B. 交钥匙总承包

C. 设计施工总承包　　D. 设计采购总承包

【解析】

<table>
<tr><th colspan="2" rowspan="3">总承包类型</th><th colspan="8">承担工程项目建设程序中的工作</th></tr>
<tr><th rowspan="2">可行性研究</th><th rowspan="2">项目决策</th><th colspan="3">设计</th><th rowspan="2">材料设备采购</th><th rowspan="2">施工</th><th rowspan="2">试运行</th></tr>
<tr><th>初步设计</th><th>技术设计</th><th>施工图设计</th></tr>
<tr><td colspan="2">设计采购施工总承包</td><td></td><td></td><td>✓</td><td>✓</td><td>✓</td><td>✓</td><td>✓</td><td>✓</td></tr>
<tr><td colspan="2">交钥匙总承包</td><td>✓</td><td>✓</td><td>✓</td><td>✓</td><td>✓</td><td>✓</td><td>✓</td><td>✓</td></tr>
<tr><td rowspan="3">阶段性总承包</td><td>设计-施工</td><td></td><td></td><td>✓</td><td>✓</td><td>✓</td><td></td><td>✓</td><td></td></tr>
<tr><td>设计-采购</td><td></td><td></td><td>✓</td><td>✓</td><td>✓</td><td>✓</td><td></td><td></td></tr>
<tr><td>采购-施工</td><td></td><td></td><td></td><td></td><td></td><td>✓</td><td>✓</td><td></td></tr>
</table>

2. **【2023 年真题】** 工程 EPC 总承包模式下，下列风险中，应由承包人承担的是（　　）。

A. 因国家政策变化引起的合同价格变化

B. 勘察设计深度不足造成的工程费用变化

C. 材料价格波动幅度超出合同约定幅度的部分

D. 不可抗力造成的工程费用变化

【解析】

总价合同	
	除根据合同约定的在工程实施过程中需进行增加的款项外，合同价格不予调整，超出风险边界范围的事项可调整合同价款
	初步设计完成后招标，发包人要求可准确描述，项目的规模、方案和标准发生变更的可能性很小，可以采用初步设计概算为控制指标进行招标，采用总价合同
	除合同约定可以调整的情形外，合同总价一般不予调整
	发包人承担的风险： ① 主要工程材料、设备、人工价格与招标时基期价相比，波动幅度超过合同约定幅度的部分 ② 因国家法律法规政策变化引起的合同价格的变化 ③ 不可预见的地质条件造成的工程费用和工期的变化 ④ 因发包人原因产生的工程费用和工期的变化 ⑤ 不可抗力造成的工程费用和工期的变化 ⑥ 改变“发包人要求”所造成的工程变更也应由发包人承担责任
	也可在专用合同条件中约定，将发承包时无法把握施工条件变化的某些项目单独列项，按照应予计量的实际工程量和单价进行结算支付

3. **【2022年补考真题】** 根据现行《建设项目工程总承包计价规范》，下列风险应由发包人承担的是（　　）。

A. 人工、材料、设备在合同约定幅度范围内的价格波动

B. 施工组织或管理不当带来的“工程总承包其他费”变化

C. 不可预见的地质条件造成的工期和费用变化

D. 施工技术或工艺复杂性带来的成本变化

【解析】 略。

4. **【2022年补考真题】** 在世界银行贷款项目采购程序中，下列投标情况，属于EPC总承包模式下，工程总承包人应承担的工作范围是（　　）。

A. 设计、采购　　B. 设计、采购、施工

C. 设计、采购、施工、试运转　　D. 项目决策、设计、采购、施工、试运转

【解析】 略。

5. **【2021年真题改编】** 据团体标准《建设项目工程总承包计价规范》(T/CCEAS 001—2022）的规定，下列关于工程总承包投标报价说法正确的是（　　）。

A. 工程总承包投标报价由工程费用、工程总承包其他费和基本预备费组成

B. 初步设计后发包的，由承包人负责详细勘察、施工勘察以及施工图设计

C. 初步设计后发包，发包人提供的工程费用项目清单应仅作为承包人投标报价的参考，投标人应依据发包人要求和初步设计文件、详细勘察文件进行投标报价

D. 预备费不计入投标总价

【解析】 本题考核工程总承包投标报价的相关规定。A 选项错误，工程总承包投标报

价由工程费用、工程总承包其他费以及预备费组成，预备费包括基本预备费和价差预备费；B 选项错误，初步设计后发包的，由发包人负责详细勘察，承包人负责施工勘察以及施工图设计；C 选项正确；D 选项错误，当约定了合同价款调整事项时，预备费应按招标文件中列出的金额填写，不得变动，并应列入投标总价中。

6. **【2020 年真题】** EPC 总承包模式中承包人应承担的工作（　　）。

A. 设计、采购、施工和试运行　　B. 项目决策、设计和施工

C. 项目决策、采购和施工　　D. 可行性研究、采购和施工

【解析】 本题考核工程总承包的类型及特点。EPC 总承包即工程总承包人按照合同约定，承担工程项目的设计、采购、施工、试运行服务等工作，并对承包工程的质量、安全、工期、造价全面负责。

7. **【2020 年真题】** 根据现行《标准设计施工总承包招标文件》，关于“合同价格”和“签约合同价”下列说法正确的是（　　）。

A. 合同价格是指签约合同价

B. 签约合同价中包括了专业工程暂估价

C. 合同价格不包括按合同约定进行的变更价款

D. 签约合同价一般高于中标价

【解析】 本题考核签约合同价及合同价的区别。“签约合同价”指中标通知书明确的并在签订合同时于合同协议书中写明的，包括了暂列金额、暂估价的合同总金额。而“合同价格”是指承包人按合同约定完成了包括缺陷责任期内的全部承包工作后，发包人应付给承包人的金额，包括在履行合同过程中按合同约定进行的变更和调整。故 B 选项正确。

8. **【2019 年真题】** 下列工程总承包类型中，总承包商需要履行试运行工作职责的是（　　）。

A. 设计采购施工总承包　　B. 设计-施工总承包

C. 采购-施工总承包　　D. 设计-采购总承包

【解析】 略。

9. **【2017 年真题】** 工程总承包企业承担工程项目的设计、采购、施工、试运行服务等工作，对承包工程的质量、安全、工期、造价全面负责的工程总承包类型是（　　）。

A. 交钥匙总承包　　B. EPC 总承包

C. 设计-施工总承包　　D. 设计-采购总承包

【解析】 略。

10. **【2018 年真题】** 与其他工程总承包方式相比较，交钥匙总承包的优越性有（　　）。

A. 有利于满足业主的特殊要求

B. 有利于降低总包商承担的风险

C. 有利于调动总包商的积极性

D. 有利于简化业主与承包商之间的关系

E. 有利于加大业主的介入程度

【解析】 本题考核交钥匙总承包的特点。交钥匙总承包的优越性体现在：①能满足某些业主的特殊要求；②承包商承担的风险比较大，但获利的机会比较多，有利于调动总包的积极性；③业主介入的程度比较浅，有利于发挥承包商的主观能动性；④业主与承包商之间的关系简单。故 A、C、D 选项正确，B、E 选项错误。

考点二、国际工程招标投标及合同价款的约定

11. **【2023 年真题】** 关于国际工程投标报价中的暂定金额，下列说法正确的是（　　）。

A. 由投标人根据项目特点自主报价

B. 应分摊计入各工程量清单项目单价中

C. 可供工程实施中不可预料事件使用

D. 包含工程保险费用

【解析】 本题考核暂定金额的规定。暂定金额是指发包人在招标文件中并在工程量清单中以备用金标明的金额，是供任何部分施工，或提供货物、材料、设备及服务，或供不可预料事件使用的一项金额。投标人的投标报价中只能把暂定金额列入工程总报价，不能以间接费的方式分摊计入各项目单价中。承包人无权使用此金额，而是按工程师的指示来决定是否动用。故 C 选项正确。

12. **【2023 年真题】** 在计算国际工程投标报价时，下列费用应计入国内派出工人工日单价的有（　　）。

A. 国际差旅费　　　　B. 国外津贴

C. 人身意外保险费　　　　D. 劳务公司管理费

E. 社会福利税

【解析】 本题考核国内派出工人工日单价的组成内容。国内派出工人工日单价主要包括：国外岗位工资，派出工人的企业收取的管理费，服装费、卧具及住房费，国内、国际差旅费，国外津贴、补贴费和伙食费，奖金及加班工资，劳保福利费，工资预涨费（每年上涨率一般可按 5%~10%估计），保险费（按当地工人保险费标准计算）。故 A、B、D 选项正确。

13. **【2022 年补考真题】** 国际竞争性招标项目评标内容的是（　　）。

A. 标书是否符合招标程序要求和技术要求

B. 投标人是否符合实施合同经验的资格要求

C. 投标人是否符合财务能力资格要求

D. 投标人是否符合技术能力资格要求

【解析】 评标只是对标书的报价和其他因素，以及标书是否符合招标程序要求和技术要求进行评比，而不是对投标人是否具备实施合同的经验、财务能力和技术能力的资格进行评审，故 A 选项正确。

14. **【2022 年补考真题】** 某企业进行国际工程投标报价。下列费用项目可与直接费、间接费平行计列的是（　　）。

A. 临时设施费　　　　B. 税金

C. 现场管理费　　　　D. 分包费

【解析】 分包费计列方法有两种，一种方法是将分包费列入直接费中，即考虑间接费时包含了对分包的管理费；另一种方法是将分包费与直接费、间接费平行并列，在估算分包费时适当加入对分包商的管理费即可。故 D 选项正确。

15. **【2022 年真题】**关于世界银行贷款项目国际竞争性招标工程的评标，下列步骤及顺序正确的是（　　）。

A. 清标、审标、评标　　　　B. 审标、资格定审、评标

C. 资格定审、审标、评标　　　　D. 审标、评标、资格定审

【解析】 评标主要有审标、评标、资格定审三个步骤。

16. **【2021 年真题】**关于国际竞争性招投标项目开标的做法正确的是（　　）。

A. 不允许投标人或其代表出席开标会议

B. 不应拒绝开启未附投标保证金的标书

C. 应全部读出标书的全部内容

D. 开标时不允许记录和录音

【解析】 本题考核国际工程开标相关规定。A 选项错误，应允许投标人或其代表出席开标会议；B 选项正确，标书是否附有投标保证金或保函也应当众读出；C 选项错误，对每份标书都应当众读出其投标人、报价和交货或完工期；如果要求或允许提出替代方案，也应读出替代方案的报价及完工期，标书的详细内容是不可能也不必全部读出的；D 选项错误，开标时一般不允许提问或做任何解释，但允许记录和录音。

17. **【2022 年真题】**某企业进行国际工程投标报价时，将分包费列入直接费中，该分包工程的管理费应计入（　　）。

A. 直接费　　　　B. 间接费

C. 暂定金额　　　　D. 分包费

【解析】 略。

18. **【2020 年真题】**下列费用项目属于国际工程投标其他费的是（　　）。

A. 保函手续费　　　　B. 保险费

C. 代理人佣金　　　　D. 暂定金额

【解析】 本题考核国际工程投标报价其他费用的组成。国际工程投标报价其他费用包括分包费、暂定金额、开办费等。故 D 选项正确。

19. **【2019 年真题】**国际工程投标报价时，对于当地采购的材料，其单价应为（　　）。

A. 市场价格+运杂费

B. 市场价格+运杂费+运输保管损耗费

C. 市场价格+运杂费+采购保管费

D. 市场价格+运杂费+采购保管费+运输保管损耗费

【解析】 本题考核国际工程材料设备单价的组成。国际工程的材料设备分为当地采购

和本国或第三国采购。价格组成如下：

当地采购材料、设备单价=市场价格+运杂费+采购保管费+运输保管损耗费。

本国或第三国采购材料、设备单价=到岸价+海关税+港口费+运杂费+运输保管损耗+其他费。故 D 选项正确。

20. **【2019 年真题】**国际工程分包费与直接费、间接费平行并列时，总包商对分包商的管理费应列入（　　）。

A. 间接费　　B. 分包费

C. 盈余　　D. 上级单位管理费

【解析】 略。

21. **【2017 年真题】**国际竞争性招标投标过程中只对标书的报价和其他因素进行评比，不对投标人资格进行评审的工作是（　　）。

A. 清标　　B. 审标

C. 评标　　D. 定标

【解析】 国际工程评标主要有审标、评标、资格定审三个阶段。审标是对投标文件一些技术性、程序性问题加以澄清并初步筛选；评标只是对标书的报价和其他因素，以及标书是否符合招标程序要求和技术要求进行评比，而不是对经验、财务能力和技术能力的资格进行评审。对投标人的资格审查应在资格预审或定审中进行。评标考虑的因素中，不应把属于资格审查的内容包括进去；如果未经资格预审，则应对评标报价最低的投标人进行资格定审。故 C 选项正确。

22. **【2016 年真题】**国际工程投标报价中，若将分包费列入直接费，则对分包商的管理费通常应列入（　　）中。

A. 直接费　　B. 分包费

C. 间接费　　D. 暂定金额

【解析】 略。

参考答案

1	2	3	4	5	6	7	8	9	10
B	B	C	C	C	A	B	A	B	ACD
11	12	13	14	15	16	17	18	19	20
C	ABD	A	D	D	B	B	D	D	B
21	22								
C	C								

【2025 考点预测】

1. 工程总承包的分类和各类承包方式负责的内容。

2. 工程总承包及交钥匙总承包的特点。
3. 工程总承包投标报价构成及报价要求。
4. 工程总承包合同价格形式的选择及风险分担方式。
5. 国际工程两个信封制度的开启方式。
6. 国际工程评标步骤及合同谈判的内容。

第五章 建设项目施工阶段合同价款的调整和结算

第一节 合同价款调整

【考点分解】

考点一、法规变化类合同价款调整事项

考点二、工程变更类合同价款调整事项

考点三、物价变化类合同价款调整事项

考点四、工程索赔类合同价款调整事项

【真题实战】

考点一、法规变化类合同价款调整事项

1.【**2023年真题**】因承包人原因导致工期延误的，关于延误期间国家法律、行政法规发生变化带来的工程造价变化与合同价款处理，下列说法正确的是（ ）。

A. 不论工程造价增减，合同价款不予调整

B. 不论工程造价增减，合同价款应予调整

C. 造成工程造价减少的，合同价款予以调减

D. 造成工程造价增加的，合同价款予以调增

【解析】

基准日	合同基准日后发生的法律法规及政策性变化引起合同价款增减变化和（或）工期延误的，发承包双方应按合同约定和国家、省级或行业建设主管部门及其授权的工程造价管理机构据此发布的规定调整合同价格及（或）工期
调整范围	新增、修改和废止原有的法律法规及政策性规定 政府对相关法律法规的解释发生了变化
基准日	实行招标的建设工程，以提交投标文件的截止时间前的第28天作为基准日 不实行招标的建设工程，以合同签订前的第28天作为基准日
特殊规定	基准日之后因执行相应的法律法规及政策性变化引起合同价款增减变化的，应按实调整 法律法规及政策性变化引起合同价款调整的，其合同总价及合同单价内的管理费及利润不应做调整 如国家财税政策变化调整增值税税率的，调整税率实施后的工程计价及所支付的工程价款应按调整后的税率计算增值税，并与按原依据合同基准日税率计算的相应增值税的差额调整合同价款

（续）

延误处理	由于承包人的原因导致的工期延误，按不利于承包人的原则调整合同价款 发包人原因造成合同价款增加的，合同价款不予调整；造成合同价款减少的，合同价款予以调整 因非发承包双方原因导致工期延长，在工期延长期间出现法律法规及政策性变化的，合同价款应按实调整

2. **【2022 年补考真题】** 由于承包人的原因导致工期延误，在工程延误期间国家法律、行政法规发生变化造成合同价款增加的，合同价款应（　　）。

A. 予以调整　　B. 不予调整

C. 由承发包双方协商确定　　D. 由监理工程师调解确定

【解析】 略。

3. **【2020 年真题】** 根据现行《建设工程工程量清单计价标准》，对于不实行招标的建设工程，建设工程施工合同签订前的第（　　）天作为基准日。

A. 28　　B. 30

C. 35　　D. 42

【解析】 略。

4. **【2018 年真题】** 关于法规变化类合同价款的调整，下列说法正确的是（　　）。

A. 不实行招标的工程，一般以施工合同签订前的第 42 天为基准日

B. 基准日之前国家颁布的法规对合同价款有影响的，应予调整

C. 法律法规及政策性变化引起合同价款调整的，其合同总价及合同单价内的管理费及利润不应做调整

D. 承包人原因导致的工期延误期间，国家政策变化引起工程造价变化的，合同价款不予调整

【解析】 略。

5. **【2017 年真题】** 为合理划分发承包双方的合同风险，对于招标工程，在施工合同中约定的基准日期一般为（　　）。

A. 招标文件中规定的提交投标文件截止时间前的第 28 天

B. 招标文件中规定的提交投标文件截止时间前的第 42 天

C. 施工合同签订前的第 28 天

D. 施工合同签订前的第 42 天

【解析】 略。

考点二、工程变更类合同价款调整事项

6. **【2016 年真题】** 根据《建设工程工程量清单计价标准》规定，下列关于计日工的说法中正确的是（　　）。

A. 招标工程量清单计日工数量为暂定，计日工费不计入投标总价

B. 发包人通知承包人以计日工方式实施的零星工作，承包人可以视情况决定是否执行

C. 计日工表的费用项目包括人工费、材料费、施工机械使用费、企业管理费和利润

D. 计日工金额不列入期中支付，在竣工结算时一并支付

【解析】 本题考核计日工相关知识。A选项错误，计日工在其他项目费当中汇总，包含在投标报价及签约合同价中；B选项错误，发包人通知承包人以计日工方式实施的零星工作，承包人应予以执行；C选项正确；D选项错误，计日工金额应当列入期中支付，与进度款同期支付。

7. 【2023年真题】采用单价合同的工程，因工程变更或工程量清单缺陷引起分部分项工程的清单项目变化（项目增减），或清单工程量发生变化且工程量变化不超出15%（含15%）时，下列说法正确的有（　　）。

A. 相同施工条件下实施相同项目特征的清单项目，应采用相应的合同单价

B. 不同施工条件下实施不同项目特征的清单项目，可协商确定市场合理的综合单价

C. 工程变更引起措施项目发生变化的，除安全生产措施费外，其他不作调整

D. 相同施工条件下实施类似项目特征的清单项目或类似施工条件下实施相同项目特征的清单项目，应采用类似清单项目的合同单价换算调整后的综合单价

E. 因减少或取消清单项目的工程变更显著改变了实施中的工程施工条件，可根据实施工程的具体情况、市场价格、合同单价计价规则及报价水平协商确定工程变更的综合单价

【解析】

采用单价合同的工程，因工程变更或工程量清单缺陷引起分部分项工程的清单项目变化（项目增减），或清单工程量发生变化且工程量变化不超出15%（含15%）时，发承包双方应按下列规定确定综合单价并计价，调整合同价格：

① 相同施工条件下实施相同项目特征的清单项目，应采用相应的合同单价。

② 相同施工条件下实施类似项目特征的清单项目或类似施工条件下实施相同项目特征的清单项目，应采用类似清单项目的合同单价换算调整后的综合单价。

③ 相同施工条件下实施不同项目特征的清单项目或不同施工条件下实施相同项目特征的清单项目，可依据工程实施情况，结合类似项目的合同单价计价规则及报价水平，协商确定市场合理的综合单价。

④ 不同施工条件下实施不同项目特征的清单项目，可依据工程实施情况，结合同类工程类似清单项目的综合单价，协商确定市场合理的综合单价。

⑤ 因减少或取消清单项目的工程变更显著改变了实施中的工程施工条件，可根据实施工程的具体情况、市场价格、合同单价计价规则及报价水平协商确定工程变更的综合单价。

8. 【2020年真题】根据《建设工程施工合同（示范文本）》，下列变化应纳入工程变更范围的有（　　）。

A. 改变墙体的厚度　　B. 工程设备的价格上涨

C. 转由他人实施的土石方工程　　D. 提高地基沉降控制标准

E. 增加排水沟长度

【解析】 本题考核工程变更的内容，详见下表。

施工合同示范文本	标准施工招标文件
① 增加或减少合同中任何工作，或追加额外的工作 ② 取消合同中任何工作，但转由他人实施的工作除外 ③ 改变合同中任何工作的质量标准或其他特性 ④ 改变工程的基线、标高、位置和尺寸 ⑤ 改变工程的时间安排或实施顺序	① 取消合同中任何一项工作，但被取消的工作不能转由发包人或其他人实施 ② 改变合同中任何一项工作的质量或其他特性 ③ 改变合同工程的基线、标高、位置或尺寸 ④ 改变合同中任何一项工作的施工时间或者改变已批准的施工工艺或顺序 ⑤ 为完成工程需要追加的额外工作

9. **【2018 年真题】**根据《建设工程施工合同（示范文本）》，下列事项应纳入工程变更范围的有（　　）。

A. 改变工程的标高　　B. 改变工程的实施顺序

C. 提高合同中的工作质量标准　　D. 将合同中的某项工作转由他人实施

E. 工程设备价格的变化

【解析】 略。

10. **【2017 年真题】**根据《建设工程工程量清单计价标准》规定，关于计日工费的确认和支付，下列说法中正确的有（　　）。

A. 承包人应按照确认的计日工现场签证报告核实该项目的工程数量和单价

B. 已标价工程量清单中有该类计日工单价的，按该单价计算

C. 已标价工程量清单中没有该类计日工单价的，按承包人报价计算

D. 计日工价款应列入同期进度款支付

E. 发包人通知承包人以计日工方式实施的零星工作，承包人应予执行

【解析】 本题考核计日工相关知识点。A、C 选项错误，计日工的数量应按确认的数量核实，已标价工程量清单有相应计日工单价的，采用已标价工程量清单中的综合单价，合同没约定或约定不明的，可依据工程所在地工程造价管理部门或行业发布的工程价格信息中的不含税人工、材料、施工机具租赁市场价格信息，以及合同清单中类似清单项目综合单价分析表中的明细价格组成等确定相应计日工综合单价；B、D、E 选项正确。

考点三、物价变化类合同价款调整事项

11. **【2023 年真题】**某施工项目投标截止日期为 2022 年 8 月 1 日，施工合同约定工程价款结算时采用价格指数法调整，人工、钢材、混凝土等权重系数及价格指数见下表，则 2022 年 9 月份的综合调价指数为（　　）。

	人工	钢材	混凝土	定值部分
权重系数	0.25	0.15	0.30	0.30
2022 年 7 月指数	1.00	1.10	0.90	—
2022 年 8 月指数	1.02	1.10	1.00	—
2022 年 9 月指数	1.05	1.21	1.08	—

A. 1.044　　　　B. 1.046

C. 1.068　　　　D. 1.088

【解析】 本题考核造价指数法调整合同价款的应用。基准日为投标截止日前 28 天，故基期指数为 7 月份指数。计算过程：0.25×1.05÷1.00+0.15×1.21÷1.10+0.30×1.08÷0.90+0.30=1.088。

12. 【2023 年真题】对于依法必须招标的暂估价专业工程的招投标，下列说法错误的是（　　）。

A. 由发包人作为招标人进行暂估价材料、暂估价专业工程招标的，发包人应承担组织招标工作有关的费用

B. 由承包人作为招标人进行暂估价材料、暂估价专业工程招标的，承包人应承担组织招标工作有关的费用

C. 无论发包人还是承包人作为招标人，另一方的配合费用由招标人承担

D. 由发包人和承包人共同作为招标人进行暂估价材料、暂估价专业工程招标的，发承包双方应各自承担相应的费用

【解析】

由发包人作为招标人进行暂估价材料、暂估价专业工程招标的，发包人应承担组织招标工作有关的费用。需要承包人配合的，承包人应自行承担其配合费用。

由承包人作为招标人进行暂估价材料、暂估价专业工程招标的，承包人应承担组织招标工作有关的费用，其费用应被认为已经包括在承包人的投标总价（合同签订价格）中。需要发包人配合的，发包人应自行承担其配合费用。

由发包人和承包人共同作为招标人进行暂估价材料、暂估价专业工程招标的，发承包双方应各自承担相应的费用。

13. 【2022 年补考真题】施工合同约定由发包人承担材料价格波动±5%以外的风险。已知某项材料投标人投标报价、基准期发布的价格分别为 510 元/m^3、520 元/m^3，施工期该材料的造价信息发布价为 560 元/m^3。按照造价信息调整价差法，该材料的实际结算价应为（　　）元/m^3。

A. 524.0　　　　B. 534.0

C. 534.5　　　　D. 544.5

【解析】 本题考核造价信息法调整合同价款的应用。基本原则为首先确定调价的临界点，涨价以投标报价和基准价较高的 1.05 倍为临界点，降价以两者较低价格的 0.95 倍为临界点；信息价超过临界点范围时予以调整，调整部分为现价与临界点的差值；结算价为投标报价与差值之和。计算过程：510+(560−520×1.05)=524.0（元/m^3）。

14. 【2022 年真题】施工合同约定由发包人承担材料价格波动±5%以外的风险，已知某材料投标人投标报价、基准期发布的价格分别为 520 元/m^3、510 元/m^3，施工期该材料的造价信息发布价为 560 元/m^3，采用造价信息调整价差，则该材料的实际结算价为（　　）元/m^3。

A. 535.5　　　　B. 534.0

C. 560.0　　　　D. 534.5

【解析】 本题考核造价信息法调整合同价款的应用。计算过程：①520×(1+5%)=546（元/m^3）；②560−546+520=534.0（元/m^3）。

15. 【2021 年真题】某项目施工合同约定承包人承担的钢筋价格风险幅度为±5%，超出部分采用造价信息法调差，已知钢筋的承包人投标价格、基准期造价信息发布价格分别为 5700 元/t、6100 元/t，2021 年 7 月的造价信息发布价格为 5600 元/t，则该月钢筋结算价格为（　　）元/t。

A. 5233　　　　B. 5505

C. 5600　　　　D. 5700

【解析】 本题考核造价信息法调整合同价款的应用。(5700−5600)÷5700=1.75%<5%，所以 7 月份钢筋价格不予调整，执行原投标报价 5700 元，故 D 选项正确。

16. 【2021 年真题】下列关于造价指数法调整合同差额的说法正确的是（　　）。

A. 按现行价格指数计价的变更费用应计入调价基数

B. 在计算调整差额时没有现行价格指数的，可暂用上一计量周期的价格指数计算

C. 定值和变值权重一经确定不得调整

D. 承包人原因未在约定的工期内竣工的，在使用价格调整公式时不予调整

【解析】 本题考核价格指数调整合同价款差额的相关计算。A 选项错误，按现行价格计价的，不计在调价基数内；B 选项正确；C 选项错误，按变更范围和内容所约定的变更，导致原定合同中的权重不合理时，由承包人和发包人协商后进行调整；D 选项错误，由于承包人原因未在约定的工期内竣工的，则对原约定竣工日期后继续施工的工程，在使用价格调整公式时，应采用原约定竣工日期与实际竣工日期的两个价格指数中较低的一个作为当期价格指数。

17. 【2020 年真题】某市政工程施工合同中约定：①基准日为 2020 年 2 月 20 日；②竣工日期为 2020 年 7 月 30 日；③工程价款结算时人工单价、钢材、商品混凝土及施工机具使用费采用价格指数法调差，各项权重系数及价格指数见下表。工程开工后，由于发包人原因导致原计划 7 月施工的工程延误至 8 月实施，2020 年 8 月承包人当月完成清单子目价款 3000 万元，当月按已标价工程量清单价格确认的变更金额为 100 万元，则本工程 2020 年 8 月的价格调整金额为（　　）万元。

项目	人工	钢材	商品混凝土	施工机具使用费	定值部分
权重系数	0.15	0.10	0.30	0.10	0.35
2020 年 2 月指数	100.0	85.0	113.4	110.0	—
2020 年 7 月指数	105.0	89.0	118.6	113.0	—
2020 年 8 月指数	104.0	88.0	116.7	112.0	—

A. 60. 18　　B. 62. 24

C. 67. 46　　D. 88. 94

【解析】 本题考核造价指数法调整价格差额。计算过程：(3000+100)×(0. 15×105÷100+0. 10×89÷85+0. 30×118. 6÷113. 4+0. 10×113÷110+0. 35−1)= 88. 94（万元）。

18. 【2020 年真题】某项目施工合同约定，由承包人承担±10%范围内的碎石价格风险，超出部分采用造价信息法调差。已知承包人投标价格、基准期的价格分别为 100/m^3、96 元/m^3，2020 年 7 月的造价信息发布价为 130 元/m^3，则该月碎石的实际结算价格为（　　）元/m^3。

A. 117. 0　　B. 120. 0

C. 124. 4　　D. 130. 0

【解析】 本题考核造价信息调整价格差额。计算过程：130−100×(1+10%)+100 = 120. 0（元/m^3）。

19. 【2019 年真题】某市政工程投标截止日期为 2019 年 4 月 20 日，确定中标后，工程于 2019 年 6 月 1 日开工。施工合同约定，工程价款结算时人工、钢材、水泥、砂石料及施工机具使用费采用价格指数法调差，各项权重系数及价格指数见下表。2019 年 8 月，承包人当月完成清单子目价款 2000 万元，当月按已标价工程量清单价格确认的变更金额为 200 万元，则本工程 2019 年 8 月的价格调整金额为（　　）万元。

项目	人工	钢材	水泥	砂石料	施工机具使用费	定值权重
权重系数	0. 15	0. 10	0. 20	0. 10	0. 10	0. 35
2019 年 3 月指数	100. 0	84. 0	104. 5	115. 6	110. 0	—
2019 年 4 月指数	100. 0	86. 0	105. 6	120. 0	110. 0	—
2019 年 8 月指数	105. 0	90. 0	107. 8	135. 0	110. 0	—

A. 57. 80　　B. 63. 58

C. 75. 40　　D. 83. 03

【解析】 本题考核利用价格指数调整价格差额。本题需要注意的有以下两点：①基期价格指数为基准日价格指数，基准日为投标截止日前 28 天，即 3 月份价格指数；②本题变更金额 200 万元是按已标价工程量清单价格确定的，即也是以 3 月份价格确定的，所以调整差额时变更金额也应一并调整。计算过程：(2000+200)×(0. 35+0. 15×105. 0÷100. 0+0. 10×90. 0÷84. 0+0. 20×107. 8÷104. 5+0. 10×135. 0÷115. 6+0. 10×110. 0÷110. 0−1)= 83. 03（万元）。

20. 【2018 年真题】某项目施工合同约定，承包人承担的水泥价格风险幅度为±5%，超出部分采用造价信息法调差，已知投标人投标价格、基准期发布价格为 440 元/t、450 元/t，2018 年信息发布价为 430 元/t，则该月水泥的实际结算价格为（　　）元/t。

A. 418. 0　　B. 427. 5

C. 430. 0　　D. 440. 0

【解析】 本题考核造价信息调整价格差额。计算过程：440×0. 95 = 418. 0（元/t）< 430. 0（元/t），故不予调整。

21. 【2018 年真题】发包人在招标工程量清单中给定某材料暂估价，下列关于该材料价

款调整的说法正确的是（　　）。

A. 依法可不招标的项目，应由发包人组织采购，以采购价格取代暂估价

B. 可由承包人进行市场采购询价或自主报价，经发包人确认价格后以税前价格取代暂估价

C. 材料暂估价调整的，应调整管理费金额

D. 材料暂估价调整的，应调整利润金额

【解析】 A 选项错误，B 选项正确，工程量清单中给定暂估价的材料不属于依法必须招标的，可由承包人进行市场采购询价或自主报价，经发包人确认价格后以税前价格取代暂估价，或可由发承包双方共同询价确认价格后以税前价格取代暂估价，并计算相应价格调整引起的增值税变化，调整合同价格。C、D 选项错误，材料暂估价调整的，应调整管理费金额。

22. **【2017 年真题】**某施工合同约定采用价格指数及价格调整公式调整价格差额。调价因素及有关数据见下表。某月完成进度款为 1500 万元，则该月应当支付给承包人的价格调整金额为（　　）万元。

项目	人工	钢材	水泥	砂石料	施工机具使用费	定值
权重系数	0. 10	0. 10	0. 15	0. 15	0. 20	0. 30
基准日价格或指数	80 元/日	100	110	120	115	—
现行价格或指数	90 元/日	102	120	110	120	—

A. −30. 30　　B. 36. 45

C. 112. 50　　D. 130. 50

【解析】 本题考核利用价格指数调整合同价款。调整系数：0. 30+0. 10×90÷80+0. 10×102÷100+0. 15×120÷110+0. 15×110÷120+0. 20×120÷115＝1. 0243；调整金额＝1500×(1. 0243−1)＝36. 45（万元）。

23. **【2016 年真题】**施工合同约定，承包人承担的钢筋价格风险幅度为±5%，超过部分依据《建设工程工程量清单计价标准》规定造价信息法调差。已知承包人投标价格、基准期发布价格分别为 2400 元/t、2200 元/t，2015 年 12 月、2016 年 7 月的造价信息发布价为 2000 元/t、2600 元/t，则该两月钢筋的实际结算价格应分别为（　　）元/t。

A. 2280、2520　　B. 2310、2690

C. 2310、2480　　D. 2280、2480

【解析】 本题考核利用造价信息调整差额。7 月：(2200−2000)÷2200＝9. 09%>5%，单价应予以调低；调整额：2200×(1−5%)−2000＝90（元）；结算价：2400−90＝2310（元/t）。12 月：(2600−2400)÷2400＝8. 33%>5%，单价应予以调高；调整额：2600−2400×(1+5%)＝80（元）；结算价：2400+80＝2480（元/t）。

24. **【2022 年补考真题】**关于采用价格指数调整价格差额的方法，下列说法正确的有（　　）。

A. 主要适用于施工中所用材料品种较多且使用量小的工程

B. 被调整的进度款中应包括预付款的支付和扣回

C. 可调因子的现行价格指数是指付款证书相关周期最后一天前 28 天的价格指数

D. 在计算调整差额时得不到现行价格指数的，可暂用上一次价格指数计算

E. 当原合同中可调因子的权重不合理时，双方可协商调整

【解析】

<table>
<tr><th colspan="3">造价指数调整合同差额</th></tr>
<tr><td colspan="2">适用</td><td>材料品种较少，但每种材料使用量较大的土木工程，如公路、水坝等</td></tr>
<tr><td rowspan="5">调整方法</td><td>公式</td><td>$\Delta P=P_0\left[A+\left(B_1\times\frac{F_{t1}}{F_{01}}+B_2\times\frac{F_{t2}}{F_{02}}+B_3\times\frac{F_{t3}}{F_{03}}+\cdots+B_n\times\frac{F_{tn}}{F_{0n}}\right)-1\right]$</td></tr>
<tr><td>P_0</td><td>约定的计量周期中承包人应得到的不含增值税合同价金额。此项金额应不包括价格调整、不计质量保证金的扣留和支付、预付款的支付和扣回。已按现行价格计价的变更及其他金额也不应计算在内，但工程量清单缺陷及按中标价的工料机单价计算的变更及其他金额应计算在内</td></tr>
<tr><td>基期指数</td><td>招标工程的合同基准日价格指数，为投标截止日前 28 天的价格指数，招标人应在招标文件中予以明确。非招标工程应为合同签订日前 28 天的价格指数</td></tr>
<tr><td>权重确定</td><td>各可调因子、定值和变值权重，以及基本价格指数及其来源在投标函附录价格指数和权重表中约定</td></tr>
<tr><td>其他规定</td><td>根据工程实际情况采用暂时确定调整差额，在计算调整差额时没有现行价格指数的，可暂用上一计量周期的价格指数计算，并在以后的付款中再按实际价格指数进行调整</td></tr>
<tr><td colspan="2">权重的调整</td><td>按变更范围和内容所约定的变更，导致原定合同中的权重不合理时，由承包人和发包人协商后进行调整</td></tr>
</table>

25. **【2020 年真题】** 关于承包人原因导致的工期延误期间合同价款的调整，下列说法正确的有（　　）。

A. 国家政策变化引起工程造价增加的应调增合同价款

B. 国家政策变化引起工程造价降低的应调减合同价款

C. 使用价格调整公式调价时，以计划进度日期指数为现行价格指数

D. 使用价格调整公式调价时，以实际进度日期指数为现行价格指数

E. 使用价格调整公式调价时，以计划进度日期与实际进度日期两个指数中较低者作为调价指数

【解析】 略。

考点四、工程索赔类合同价款调整事项

26. **【2023 年真题】** 某建筑工程施工过程中发生如下事件：①遇到不利物质条件，用工 20 个工日；②异常恶劣天气停工 1 日，窝工 30 个工日。人工工日单价 200 元/工日，窝工补贴 100 元/工日，管理费用、利润分别按人工费的 20%、10%计算，不考虑其他费用。根据《标准施工招标文件》的通用合同条款，承包人可向发包人索赔的金额为（　　）元。

A. 4800　　　　B. 5200

C. 8400　　　　　　　　　　　　　　D. 9100

【解析】 本题考核费用索赔的计算。不利物质条件只能得到工期和费用补偿，得不到利润补偿，所以本题不考虑利润的计算。计算过程：20×200×1.2=4800（元）。

27. 【2023年真题】关于工期"共同延误"的责任处理，下列说法正确的是（　　）。

A. 由造成拖期的初始延误者对工程拖期负主要责任

B. 在初始延误发生作用期间，其他并发的延误者承担部分拖期责任

C. 初始延误者是发包人的，可给予承包人工期和经济补偿

D. 初始延误是客观原因造成的，可给予承包人工期和经济补偿

【解析】

共同延误的处理	① 确定"初始延误"者，它应对工程拖期负责。在初始延误发生作用期间，其他并发的延误者不承担拖期责任 ② 如果初始延误者是发包人原因，则在发包人原因造成的延误期内，承包人既可得到工期补偿，又可得到经济补偿 ③ 如果初始延误者是客观原因，则在客观因素发生影响的延误期内，承包人可以得到工期补偿，但很难得到费用补偿 ④ 如果初始延误者是承包人原因，则在承包人原因造成的延误期内，承包人既不能得到工期补偿，也不能得到费用补偿

28. 【2022年补考真题】根据《标准施工招标文件》，下列索赔事件中，只可补偿费用和工期，不可补偿利润的是（　　）。

A. 发包人延迟提供施工图纸或施工场地

B. 发包人在工程竣工前提前占用工程

C. 工程试运行失败引起的直接费用

D. 发包人原因引起缺陷责任期内的工程缺陷或损坏的修复

【解析】 因发包人的原因引起下列事件给承包人造成经济损失和（或）工期延长的，发包人应合理延长受影响的工期，并补偿给承包人造成的损失和（或）直接费用，不包括利润：

① 按发包人或监理人的要求对材料和工程（包括已覆盖的隐蔽工程）进行重新检测且检测结果质量合格引起的直接费用，以及修复受影响工程的费用。

② 额外增加的检查、检验、试验等的直接费用。

③ 工程试运行失败引起的直接费用。

④ 其他情况的直接损失和（或）费用。

29. 【2022年补考真题】某工程施工过程中发生如下事件：①发现地下文物，停工5日，窝工30个工日，保护文物用工10个工日；②提前4日向承包人提供材料。已知人工工日单价150元/工日，窝工补贴50元/工日，管理费用、利润分别按人工费的20%、10%计算。不考虑其他费用，承包人应向发包人索赔的工期、费用分别是（　　）。

A. 5天、3960元　　　　　　　　　　B. 5天、3600元

C. 1 天、3960 元　　D. 1 天、3600 元

【解析】 本题考核费用索赔的计算。施工中发现文物、古迹只能提出工期和费用索赔，不能提出利润索赔。计算过程：①发现文物的工期损失由业主承担，但提前向承包人供应材料不涉及工期索赔，所以工期索赔合计为 5 天；②费用索赔 =(30×50+10×150)×(1+20%)=3600（元）。

30. **【2021 年真题】**因不可抗力造成的下列损失，应由发包人承担的是（　　）。

A. 施工人员伤亡补偿金　　B. 施工单位机械设备损失

C. 施工单位利润损失　　D. 修复已完工程的费用

【解析】 除合同约定发包人购买工程一切险及第三者责任险和（或）合同另有约定外，因不可抗力事件引起的人员伤亡、财产损失、费用增加和（或）工期延误等工程索赔，发承包双方应遵循下列原则承担相应损失及费用：

① 永久工程、已运至施工现场的材料的损坏及修复费用，以及因不可抗力事件引起施工场地内及工程损坏造成的第三方人员伤亡和财产损失应由发包人承担。

② 承包人施工机具的损坏及停工损失和措施项目的损坏、清理、修复费用，以及因承包人原因发生的第三方人员伤亡和财产损失应由承包人承担。

③ 发承包双方应承担各自人员伤亡和本标准本条第 1 款、第 2 款规定外的其他财产的损失。

④ 因不可抗力引起暂停施工的，停工期间按照发包人要求照管、清理、修复工程的费用和发包人要求留驻施工现场必要的管理与保卫人员工资，以及按发包人要求留驻现场待工人员的工资应由发包人承担。

⑤ 因不可抗力影响承包人履行合同约定的义务，引起工期延误的，应当顺延工期，发包人要求赶工的，由此增加的赶工费用应由发包人承担。

31. **【2021 年真题】**某施工合同约定人工工资为 300 元/工日，窝工补贴为 100 元/工日，综合费率为人工费的 40%。在施工过程中发生了如下事件：①出现异常恶劣天气导致工程停工 3 天，人员窝工 60 个工日；②因恶劣天气导致工程损坏，修复使用人工 20 个工日，材料费 5000 元；③因发包人原因停工 2 天，窝工 40 个工日。承包人可向发包人索赔的费用为（　　）元。

A. 17400　　B. 19000

C. 23400　　D. 25000

【解析】 本题考核费用索赔的计算。计算过程：20×300×(1+40%)+5000+40×100=17400（元）。

32. **【2018 年真题】**因不可抗力造成的下列损失，应由承包人承担的是（　　）。

A. 工程所需清理、修复费用

B. 运至施工场地待安装设备的损失

C. 承包人的施工机械设备损坏及停工损失

D. 停工期间发包人要求承包人留在工地的保卫人员费用

【解析】 略。

33. **【2018 年真题改编】**某工程进度计划网络图上的 X 工作（在关键线路上）与 Y 工作（在非关键线路上）同时受到异常恶劣气候条件的影响，导致 X 工作延误 10 天，Y 工作延误 20 天，该气候条件未对其他工作造成影响，若 Y 工作的总时差为 15 天，则承包人可向发包人索赔的工期是（　　）天。

A. 10　　B. 15

C. 25　　D. 35

【解析】 本题考核工期索赔的计算。异常恶劣气候导致工期延长的，发包人应予以顺延，X 工作为关键工作，延误 10 天导致总工期延长 10 天，Y 工作总时差为 15 天，延误 20 天导致总工期延误 5 天，X、Y 工作为平行工作，对总工期影响的天数取大值为 10 天。

34. **【2017 年真题】**关于施工合同履行过程中共同延误的处理原则，下列说法中正确的是（　　）。

A. 在初始延误发生作用期间，其他并发延误者按比例承担责任

B. 若初始延误者是发包人，则在其延误期内，承包人可得到经济补偿

C. 若初始延误者是客观原因，则在其延误期内，承包人不能得到经济补偿

D. 若初始延误者是承包人，则在其延误期内，承包人只能得到工期补偿

【解析】 略。

35. **【2021 年真题】**费用索赔的计算方法包括（　　）。

A. 比例计算法　　B. 实际费用法

C. 总成本法　　D. 修正总费用法

E. 网络图分析法

【解析】 本题考核费用索赔的计算方法。索赔费用的计算方法通常有三种，即实际费用法、总费用法（也称总成本法）和修正的总费用法。故 B、C、D 选项正确。

36. **【2019 年真题】**下列费用中，承包人可以索赔的有（　　）。

A. 法定增长的人工费

B. 承包人原因导致工效降低增加的机械使用费

C. 发包人原因延期增加的保函手续费

D. 发包人拖延支付工程款的利息

E. 发包人错误扣款的利息

【解析】 本题考核可索赔的费用内容。注意，法定增长对应的人工费是发包人应承担的责任，承包人原因造成的损失承包人不能提出索赔。发包人原因导致承包人费用增加及发包人拖延支付工程款利息；发包人迟延退还工程质量保证金的利息；发包人错误扣款的利息等均可索赔。故 A、C、D、E 选项正确，B 选项错误。

37. **【2017 年真题】**下列资料中，可以作为施工发承包双方提出和处理索赔直接依据的有（　　）。

A. 未在合同中约定的工程所在地地方性法规

B. 工程施工合同文件

C. 合同中约定的非强制性标准

D. 现场签证

E. 合同中未明确规定推荐性标准

【解析】 本题考核工程索赔的依据。工程索赔的依据主要有：工程施工合同文件、国家法律、法规；工程建设强制性标准；工程施工合同履行过程中与索赔事件有关的各种凭证。特别注意，对于不属于强制性标准的其他标准、标准和计价依据、部门规章、地方性法规，除施工合同中有明确约定外，不能作为工程索赔的依据。故B、C、D选项正确。

参考答案

1	2	3	4	5	6	7	8	9	10
C	B	A	C	A	C	ABDE	ADE	ABC	BDE
11	12	13	14	15	16	17	18	19	20
D	C	A	B	D	B	D	B	D	D
21	22	23	24	25	26	27	28	29	30
B	B	C	DE	BE	A	C	C	B	D
31	32	33	34	35	36	37			
A	C	A	B	BCD	ACDE	BCD			

【2025考点预测】

1. 法规变化调整合同价款基准日的确定及工期延误的处理。
2. 工程变更的范围及分部分项工程、措施项目价款调整方法。
3. 工程量清单缺项分部分项工程费及措施项目费的调整。
4. 工程变更综合单价的调整。
5. 物价波动采用价格指数和造价信息调整合同价款的计算。
6. 合同实施过程中暂估价的调整方法。
7. 不可抗力造成的损失责任承担主体。
8. 索赔的前提条件及各类费用的计算方法。
9. 共同延误的处理。

第二节 工程合同价款支付与结算

【考点分解】

考点一、工程计量

考点二、预付款及过程结算

考点三、竣工结算

考点四、质量保证金的处理及最终结清

考点五、合同价款纠纷的处理

【真题实战】

考点一、工程计量

1. **【2022 年补考真题】**关于采用工程量清单方式招标形成的单价合同工程计量和计价，下列说法正确的是（　　）。

A. 合同清单的分部分项工程项目清单与合同图纸的差异视为工程量清单缺陷

B. 工程量清单特征描述与施工图纸不一致的，综合单价应予以调整

C. 无论是否发生工程变更，合同总价均不予调整

D. 无论何种原因导致措施项目变化不予调整

【解析】 略。

2. **【2022 年补考真题】**关于工程计量，下列说法正确的是（　　）。

A. 合同文件中规定的各种费用支付项目不需计量

B. 按合同文件规定的方法、范围、内容和单位计量

C. 按行业或地方标准规定的计量单位计量

D. 因发包人原因造成的超出合同工程范围的工程量不予计量

【解析】

工程计量的原则与成果	
概念	发承包双方根据合同约定，对承包人完成合同工程的数量进行的计算和确认
原则	按节点计量（时间节点、工程形象目标节点或工程进度节点）
	按约定规则计量
	承包人实施的下列工程及工作不予计量： ① 承包人为完成永久工程所实施的临时工程，合同约定应予计量的临时工程除外。临时工程是指为建设永久工程项目服务的，在施工过程中是必不可少的工程措施，当工程项目建成后，临时工程应予拆除，并恢复到原来的生态面貌 ② 承包人原因引起超出合同约定工程范围的工程 ③ 承包人所完成、但不符合合同图纸及合同规范要求的工程 ④ 承包人拆除及迁离不符合合同图纸及合同规范要求的工程或工作 ⑤ 承包人责任造成的其他返工
成果	发承包双方签署确认的工程计量成果应作为合同价款调整、工程结算的依据，合同另有约定或发承包双方明确仅作为工程进度款支付依据及工程计量成果为粗略估算的除外

3. **【2022 年真题】**根据现行工程量清单计价标准，关于国有资金投资建设工程的工程计量，下列说法正确的是（　　）。

A. 承包人自行增建的临时措施应予计量

B. 工程计量的范围包括合同文件中规定的各种费用支付项目，但不包括违约金

C. 用于结算的最终工程量确定方法因合同形式不同而有所差异

D. 成本加酬金合同按总价合同计量方式计量

【解析】 本题考核工程计量的原则与范围。A 选项错误，承包人自行增建的临时措施不予计量；B 选项错误，计量范围包括工程量清单及工程变更所修订的工程量清单的内容；合同文件中规定的各种费用支付项目，如费用索赔、各种预付款、价格调整、违约金等；C 选项正确；D 选项错误，成本加酬金合同按单价合同计量方式计量。

4. **【2021 年真题】** 根据现行《标准施工招标文件》，下列已完工程，发包人应予计量的是（ ）。

A. 在工程量清单内，但质量验收资料不齐全的工程

B. 超出合同工程范围的工程

C. 监理人要求再次检验的合格隐蔽工程的挖填土方工程

D. 为抵御台风完成的临时设施加固工程

【解析】 本题考核工程计量的原则与范围。A 选项错误，质检资料不全不应予以计量；B 选项错误，因承包人原因造成的超出合同工程范围施工或返工的工程量不予计量；C 选项正确，监理再次检验质量合格的挖土方工程属于发包人原因，应予以计量；D 选项错误，恶劣气候导致临时措施加固属于承包人的责任，不予计量。

5. **【2020 年真题】** 发生下列工程事项时，发包人应予计量的是（ ）。

A. 承包人自行增建的临时工程的工程量

B. 因监理人抽查不合格返工增加的工程量

C. 承包人修复因不可抗力损坏工程增加的工程量

D. 承包人自检不合格返工增加的工程量

【解析】 略。

6. **【2017 年真题】** 根据《建设工程工程量清单计价标准》规定，关于工程计量，下列说法中正确的是（ ）。

A. 合同文件中规定的各种费用支付项目应予计量

B. 为保证施工质量返工工程量不予计量

C. 成本加酬金合同应按总价合同的计量规定进行计量

D. 总价合同应按实际完成的工程量计算

【解析】 略。

7. **【2022 年真题】** 关于工程计量的说法，正确的有（ ）。

A. 应按合同文件规定的方法、范围、内容和单位计量

B. 不符合合同文件要求的工程不予计量

C. 无论何种原因，超出合同工程范围的工程均不予计量

D. 按照合同文件中规定的工程量予以计量

E. 总价合同各项目的工程量是予以计量的最终工程量

【解析】 略。

8.【2019 年真题】工程施工中的下列情形，发包人不予计量的有（　　）。

A. 监理人抽检不合格返工增加的工程量

B. 承包人自检不合格返工增加的工程量

C. 承包人修复因不可抗力损坏工程增加的工程量

D. 承包人在合同范围之外按发包人要求增建的临时工程工程量

E. 工程质量验收资料缺项的工程量

【解析】 略。

考点二、预付款及过程结算

9.【2022 年补考真题】某施工合同总价 3 亿元，分两年均衡施工，已知主要材料、设备价值占合同总价比例分别为 54%、6%，主要材料、设备储备天数平均为 60 天，年度施工天数按 360 天考虑，按公式计算法计算该工程的年度预付款应为（　　）万元。

A. 1350　　B. 1500

C. 2700　　D. 3000

【解析】 本题考核材料预付款公式计算法的应用。计算过程：30000÷2×(54%+6%)÷360×60=1500（万元）。

10.【2019 年真题】关于预付款担保的说法，正确的是（　　）。

A. 预付款担保的形式必须为银行保函

B. 预付款担保的担保金额必须高于预付款

C. 在预付款的扣回过程中担保金额保持不变

D. 预付款保函在预付款扣回之前必须保持有效

【解析】 本题考核预付款担保相关知识。提交预付款担保的时间为签订合同后领取预付款之前，作用是保证承包人能够按照合同规定的目的使用并及时偿还发包人已支付的全部预付款金额；主要形式是银行保函，但并不是唯一形式，还可以是担保公司担保、抵押等；担保金额与预付款是等值的；预付款一般逐月在进度款中扣除，担保金额也相应减少，但在预付款扣完之前应一直保持有效。故 D 选项正确。

11.【2018 年真题】关于安全生产措施费的支付，下列说法正确的是（　　）。

A. 按施工工期平均分摊安全生产措施费，与进度款同期支付

B. 按合同建筑安装工程费分摊安全生产措施费，与进度款同期支付

C. 在开工后 28 天内预付不低于当年施工进度计划的安全生产措施费总额的 50%，其余部分与进度款同期支付

D. 在正式开工前预付不低于当年施工进度计划的安全生产措施费总额的 50%

【解析】 本题考核安全生产措施费支付规定。发包人应在工程开工后 28 天内预付不低于安全生产措施费总额的 50%给承包人，其余部分应按照提前安排的原则进行分解，并与工程进度款同期支付。对跨年度实施的重大工程，预付的安全生产措施费总额可按年度工程进度计划分解计算。发承包双方在计算应付工程进度款时，不应扣回预付的安全生产措施

费。故C选项正确。

12.【2022年补考真题】承包人在编制期中支付文件时，已完工程进度款支付申请中应包括的内容有（　　）。

A. 累计完成工程总值
B. 累计已扣回预付款（包括当期扣回价款）
C. 累计发生计日工价款
D. 本周期发生的特殊设备安全监督检验费
E. 前期累计支付进度款

【解析】 承包人应在合同约定的每个计量周期及付款核定日或之前及时向发包人提交已完工程进度款支付申请，说明本期认为应得到的价款，包括建筑工人工资的申请金额和专业分包人已完工程的进度款，并附上计算依据。支付申请应包括下列内容：

1）累计完成工程总值。

① 累计完成合同清单的价款。

② 累计发生工程量清单缺陷调整价款（包括单价合同的重新计量调整价款、总价合同的暂定数量调整价款）。

③ 累计发生暂列金额价款（用于未能完全预见或详细说明的工程、服务）。

④ 累计发生暂估价调整价款（包括材料暂估价、承包人实施的专业工程暂估价）。

⑤ 累计发生总承包服务费调整价款。

⑥ 累计发生计日工价款。

⑦ 累计发生物价变化调整价款。

⑧ 累计发生法律法规及政策性变化调整价款。

⑨ 累计发生工程变更价款。

⑩ 累计发生新增工程价款。

⑪ 累计发生工程索赔价款。

2）累计已扣回预付款（包括当期扣回价款）。

3）累计应付进度款。

4）前期累计支付进度款。

5）发包人应扣除的价款。

6）本期应付进度款。

考点三、竣工结算

13.【2022年补考真题】某工程项目由于承包人违约导致合同解除。下列费用中，发包人应向承包人支付的是（　　）。

A. 按施工计划已运至现场的材料货款

B. 分包人员退场遣送费

C. 施工机械出场费

D. 临建设施拆除费

【解析】 因承包人违约解除合同，发包人应在合同解除后规定时间内核实合同解除时承包人已完成的全部合同价款以及按施工进度计划已运至现场的材料和工程设备货款，按合

同约定核算承包人应支付的违约金以及造成损失的索赔金额。故 A 选项正确。

14. **【2022 年真题】**某工程合同总额为 12000 万元，其中主要材料占比 50%，合同中约定的工程预付款项总额为 3600 万元，则按起扣点计算法计算的预付款起扣点为（　　）万元。

A. 4800　　B. 3600

C. 7200　　D. 8400

【解析】 本题考核起扣点的计算。计算过程：12000−3600÷50%＝4800（万元）。

15. **【2022 年真题】**关于编制竣工结算文件应遵循的计价原则，下列说法正确的是（　　）。

A. 安全生产措施费应依据已标价工程量清单约定金额计算，不得调整

B. 总承包服务费应依据已标价工程量清单约定金额计算，不得调整

C. 计日工应依据发承包双方签证确认的金额计算

D. 暂列金额应依据已标价工程量清单金额计算，不得调整

【解析】 略。

16. **【2020 年真题】**对于国有资金投资的建设工程，受发包人委托对竣工结算文件进行审核的单位是（　　）。

A. 工程造价咨询机构　　B. 工程设计单位

C. 工程造价管理机构　　D. 工程监理单位

【解析】 本题考核竣工结算文件的审核。国有资金投资建设工程的发包人，应当委托工程造价咨询机构对竣工结算文件进行审核。故 A 选项正确。

17. **【2020 年真题】**因承包人原因解除合同的，承包人有权要求发包人支付（　　）。

A. 承包人员遣送费　　B. 临时工程拆除费

C. 施工设备运离现场费　　D. 已完措施项目费

【解析】 略。

18. **【2019 年真题】**编制竣工结算文件时，应按国家、省级或行业建设主管部门的规定计价的是（　　）。

A. 劳动保险费　　B. 总承包服务费

C. 安全生产措施费　　D. 现场签证费

【解析】 本题考核竣工结算文件的编制。无论是最高投标限价、投标报价、合同价款调整还是竣工结算，对于不可竞争性费用都要按国家、省级或者建设主管部门规定计算，不可竞争费有安全生产措施费和税金。故 C 选项正确。

19. **【2018 年真题】**工程量清单计价项目采用单价合同的，工程竣工结算编制中一般不允许调整的是（　　）。

A. 分部分项工程的清单数量　　B. 安全生产措施费的清单总额

C. 已标价工程量清单综合单价　　D. 计日工

【解析】 本题考核竣工结算文件的编制。分部分项工程量清单数量是按确认数量计算，

安全生产措施费按国家、省级或行政主管部门规定计算，总包服务费按基数取一定比例计算，均是可以调整的，而综合单价在合同约定的风险幅度范围内是不允许调整的。故 C 选项正确。

20. **【2018 年真题改编】**关于政府投资项目竣工结算的说法正确的是（　　）。

A. 合同施工过程中双方确认的合同价款，竣工结算时应重新审核

B. 竣工结算可以采用重点审核法或抽样审核法。

C. 建设项目竣工结算由发包人委托造价工程师审核

D. 竣工结算文件由发包人委托工程造价咨询机构审核

【解析】 略。

21. **【2018 年真题】**因不可抗力解除合同的，发包人不应向承包人支付的费用是（　　）。

A. 临时工程拆除费　　B. 承包人未交付材料的货款

C. 已实施的措施项目应付价款　　D. 承包人施工设备运离现场的费用

【解析】 本题考核不可抗力导致合同解除发包人应承担的费用。由于不可抗力导致合同解除的，发包人应承担的费用有合同约定由发包人承担的费用、已实施或部分实施的措施项目价款、承包人合理订购且已交付的材料设备货款、承包人撤离现场费用（包括员工遣散、临时工程拆除、施工设备运离现场的费用）、承包人为完成工程而预期开支的任何合理的费用。故 B 选项正确。

22. **【2017 年真题】**发包人未按照规定的程序支付竣工结算款的，承包人正确的做法是（　　）。

A. 将该工程自主拍卖　　B. 将该工程折价出售

C. 将该工程抵押贷款　　D. 催告发包人支付，并索要延迟付款利息

【解析】 本题考核发包人延迟支付结算价款的相关规定。发包人未按照规定的程序支付竣工结算款的，承包人催告发包人支付，并有权获得延迟付款利息，发包人在规定时间仍未支付的，承包人可与发包人协商将工程折价或向法院申请将工程依法拍卖。特别注意的是，承包人只能与发包人协商将工程折价或向法院申请拍卖，而不能直接折价或自主拍卖，故 D 选项正确。

23. **【2023 年真题】**根据《建设工程工程量清单计价标准》，关于编制工程竣工结算文件时的计价原则，下列说法正确的有（　　）。

A. 采用总价合同的，应在合同总价的基础上进行结算

B. 采用单价合同的，应在合同单价的基础上进行结算

C. 有材料暂估价的，暂估价材料应按照暂估价格进行结算

D. 设有暂列金额的，工程价款调整金额以暂列金额为限进行结算

E. 采用过程结算的，发承包双方已经确认的工程计量结果应直接计入结算

【解析】 A 选项正确，采用总价合同的，应在合同总价基础上，对合同约定能调整的内容及超过合同约定范围的风险因素进行调整；B 选项正确，采用单价合同的，在合同约定风险范围内的综合单价应固定不变，并应按合同约定进行计量，且应按实际完成的工

程量进行计量；C 选项错误，材料暂估价由承包人按照合同约定采购，经发包人确认后以此为依据取代暂估价，调整合同价款；D 选项错误，工程价款调整金额不受暂列金额的限制。

24.【**2020 年真题**】发包人未按规定程序支付竣工结算款项的，承包人可以（　　）。

A. 催告发包人付款　　B. 获得延迟支付利息的权利

C. 直接将工程折价　　D. 直接将工程拍卖

E. 就工程拍卖价获得优先受偿权

【**解析**】 略。

25.【**2017 年真题**】发包人对工程质量有异议，竣工结算仍应按合同约定办理的情形有（　　）。

A. 工程已竣工验收的

B. 工程已竣工未验收，但实际投入使用的

C. 工程已竣工未验收且未实际投入使用的

D. 工程停建，对无质量争议的部分

E. 工程停建，对有质量争议的部分

【**解析**】 本题考核竣工结算的办理。已经竣工验收的、已竣工未验收但投入使用的均可办理竣工结算，工程停建，对无质量争议部分应及时办理竣工结算。故 A、B、D 选项正确。

考点四、质量保证金的处理及最终结清

26.【**2023 年真题**】关于建设工程施工质量缺陷责任期，下列说法正确的是（　　）。

A. 是指承包人履行质量保修的期限　　B. 一般为 1 年，最长不超过 2 年

C. 自提出竣工验收申请之日起计算　　D. 正常应不同于质量保证金的期限

【**解析**】

缺陷责任期	从工程通过竣工验收之日起计，缺陷责任期一般为 1 年，最长不超过 2 年，由发承包双方在合同中约定
	由于承包人原因导致工程无法按规定期限进行竣工验收的，缺陷责任期从实际通过竣工验收之日起计
	由于发包人原因导致工程无法按规定期限进行竣工验收的，在承包人提交竣工验收报告 90 天后，工程自动进入缺陷责任期

27.【**2022 年补考真题**】关于缺陷责任期内质量保证金的管理和使用，下列说法正确的是（　　）。

A. 国库集中支付的政府投资项目，质量保证金由财政部门或发包人统一管理

B. 社会投资项目的质量保证金可由发承包双方约定交由金融机构托管

C. 发包人被撤销的，质量保证金由总承包人保管并代行发包人职责

D. 由承包人原因造成的缺陷，其修复费直接从质量保证金中扣除

【解析】

质保金管理	① 缺陷责任期内，实行国库集中支付的政府投资项目，质量保证金的管理应按国库集中支付的有关规定执行 ② 其他政府投资项目，质量保证金可以预留在财政部门或发包方。缺陷责任期内，如发包人被撤销，质量保证金随交付使用资产一并移交使用单位，由使用单位代行发包人职责 ③ 社会投资项目采用预留质量保证金方式的，发承包双方可以约定将质量保证金交由金融机构托管
质保金使用	① 缺陷责任期内，由承包人原因造成的缺陷，承包人应负责维修，并承担鉴定及维修费用 ② 如承包人不维修也不承担费用，发包人可按合同约定从质量保证金或银行保函中扣除，费用超出质量保证金额的，发包人可按合同约定向承包人进行索赔 ③ 承包人维修并承担相应费用后，不免除对工程的损失赔偿责任。由他人及不可抗力原因造成的缺陷，发包人负责组织维修，承包人不承担费用，且发包人不得从质量保证金中扣除费用

28. **【2022 年真题】**根据《标准施工招标文件》，关于最终结清的说法正确的是（　　）。

A. 是合同约定的保修期终止后，发包人与承包人结清全部剩余款项的活动

B. 承包人提交的最终结清申请中，只限于提出工程接收证书颁发后发生的索赔

C. 发包人应在收到承包人提交的最终结清申请单后的规定时间内付款

D. 最终结清时，承包人被扣留的质量保证金不足以抵减发包人工程缺陷修复费用的，差额部分由发包人承担

【解析】 A 选项错误，最终结清，是指合同约定的缺陷责任期终止后，承包人已按合同规定完成全部剩余工作且质量合格的，发包人与承包人结清全部剩余款项的活动；B 选项正确；C 选项错误，发包人应在收到承包人提交的最终结清申请单后的规定时间内予以核实，向承包人签发最终支付证书；D 选项错误，最终结清时，如果承包人被扣留的质量保证金不足以抵减发包人工程缺陷修复费用的，承包人应承担不足部分的补偿责任。

29. **【2020 年真题】**承包人按合同约定接受竣工结算支付证书的，可以认为承包人已无权要求（　　）颁发前发生的索赔。

A. 合同工程接收证书　　B. 质量保证金返还证书

C. 缺陷责任期终止证书　　D. 最终支付证书

【解析】 本题考核最终结清相关知识点。承包人按合同约定接受了竣工结算支付证书后，应被认为已无权再提出在合同工程接收证书颁发前所发生的任何索赔。承包人在提交的最终结清申请中，只限于提出工程接收证书颁发后发生的索赔。提出索赔的期限自接受最终支付证书时终止。故 A 选项正确。

30. **【2019 年真题】**根据《建设工程质量保证金管理办法》规定，质量保证金总预留比例不得高于工程价款结算总额的（　　）。

A. 19%　　B. 2%

C. 3%　　D. 5%

【解析】 本题考核质量保证金相关规定。发包人应按照合同约定方式预留质量保证金，质量保证金总预留比例不得高于工程价款结算总额的 3%。此处注意，质量保证金的计算基

数是结算总额，不是签约合同价，也不是估算价。故C选项正确。

31.【2019年真题】发包人收到承包人提交的最终结清申请单，并在规定时间内予以核实后，向承包人签发（ ）。

A. 工程接收证书　　B. 竣工结算支付证书

C. 缺陷责任期终止证书　　D. 最终支付证书

【解析】 本题考核缺陷责任期终止的支付程序。具体程序：缺陷责任期终止→提交最终结清申请单→签发最终支付证书→支付最终结清款。故D选项正确。

32.【2017年真题】关于建设项目竣工结清阶段承包人索赔的权利和期限，下列说法中正确的是（ ）。

A. 承包人接受竣工结算支付证书后再无权提出任何索赔

B. 承包人只能提出工程接收证书颁发前的索赔

C. 承包人提出索赔的期限自缺陷责任期满时终止

D. 承包人提出索赔的期限自接受最终支付证书时终止

【解析】 略。

考点五、合同价款纠纷的处理

33.【2023年真题】根据现行司法解释，关于建设工程施工无效合同的认定和价款处理，下列说法正确的是（ ）。

A. 承包人超越资质等级签订建设工程施工合同，虽在工程竣工前取得相应资质等级，仍应按无效合同处理

B. 未经发包人批准，具有劳务作业资质的承包人与分包人签订的劳务分包合同，应按无效合同处理

C. 建设工程施工合同无效，但验收合格的，可以参照合同中关于工程价款的约定，折价补偿承包人

D. 建设工程施工合同无效，且验收不合格的，由承包人承担发包人的一切损失

【解析】

施工合同无效的价款纠纷处理	
无效的认定	① 承包人未取得建筑施工企业资质或者超越资质等级的 ② 没有资质的实际施工人借用有资质的建筑施工企业名义的 ③ 建设工程必须进行招标而未招标或者中标无效的 ④ 承包人因转包、违法分包建设工程与他人签订的建设工程施工合同 ⑤ 当事人以发包人未取得建设工程规划许可证等规划审批手续为由，请求确认建设工程施工合同无效的，人民法院应予支持，但发包人在起诉前取得建设工程规划许可证等规划审批手续的除外
无效的处理	建设工程施工合同无效，但建设工程经验收合格的，可以参照合同关于工程价款的约定折价补偿承包人。建设工程施工合同无效，且建设工程经验收不合格的，按照以下情形处理： ① 修复后的建设工程经验收合格的，发包人可以请求承包人承担修复费用 ② 修复后的建设工程经验收不合格的，承包人无权请求参照合同关于工程价款的约定折价补偿

（续）

施工合同无效的价款纠纷处理	
不按无效的情形	① 承包人超越资质等级许可的业务范围签订建设工程施工合同，在建设工程竣工前取得相应资质等级，当事人请求按照无效合同处理的，人民法院不予支持 ② 具有劳务作业法定资质的承包人与总承包人、分包人签订的劳务分包合同，当事人请求确认无效的，人民法院依法不予支持 ③ 发包人能够办理建设工程规划许可证等规划审批手续而未办理，并以未办理审批手续为由请求确认建设工程施工合同无效的，人民法院不予支持
无效后赔偿	缺乏资质的单位或者个人借用有资质的建筑施工企业名义签订建设工程施工合同，发包人请求出借方与借用方对建设工程质量不合格等因出借资质造成的损失承担连带赔偿责任的，人民法院应予支持

34. **【2023 年真题】** 根据《建设工程造价鉴定规范》，关于施工合同争议鉴定，下列说法正确的是（　　）。

A. 委托人认为鉴定项目合同有效的，鉴定人应按照委托人的决定进行鉴定

B. 委托人认为鉴定项目合同无效的，鉴定人应依据项目所在地同期适用的计价依据进行鉴定

C. 鉴定项目合同对计价依据、计价方法没有约定的，由鉴定人自主选择适用的计价依据、计价方法进行鉴定

D. 鉴定项目合同对计价依据、计价方法的约定条款前后矛盾的，鉴定人应提请委托人决定适用条款

【解析】

合同争议	合同有效	根据合同约定进行鉴定
	合同无效	按照委托人的决定进行鉴定
	计价依据没有约定	① 应按照委托人的决定进行鉴定 ② 可向委托人提出“参照鉴定项目所在地同时期适用的计价依据、计价方法和签约时的市场价格信息进行鉴定”的建议
	约定前后矛盾	① 应提请委托人决定适用条款 ② 委托人暂不明确的，鉴定人应按不同的约定条款分别做出鉴定意见，供委托人判断使用

35. **【2022 年补考真题】** 根据《建设工程造价鉴定规范》，关于工程造价鉴定的人员和组织，下列说法正确的是（　　）。

A. 鉴定人必须具有工程系列高级职称

B. 参与鉴定工作的相关人员必须具有注册造价工程师职业资格

C. 对同一鉴定事项，应指定 2 名及以上鉴定人员共同进行鉴定

D. 对争议较大的鉴定项目，应成立由 3 名鉴定人组成的鉴定项目组

【解析】 鉴定机构对同一鉴定事项，应指定 2 名及以上鉴定人共同进行鉴定。对争议标的较大或涉及工程专业较多的鉴定项目，应成立由 3 名及以上鉴定人组成的鉴定项目组。

36. **【2022 年真题】** 因不可抗力解除合同的，发包人应向承包人支付的金额中不应包括（　　）。

A. 已实施或部分实施的措施项目应付价款

B. 承包人员工遣送费和临时工程拆除费

C. 不可抗力事件发生后的窝工损失费

D. 承包人为合同工程合理订购且已交付的材料和工程设备货款

【解析】

不可抗力	① 合同中约定应由发包人承担的费用 ② 已实施或部分实施的措施项目应付价款 ③ 承包人为合同工程合理订购且已交付的材料和工程设备货款。发包人一经支付此项货款，该材料和工程设备即成为发包人的财产 ④ 承包人撤离现场所需的合理费用，包括员工遣送费和临时工程拆除、施工设备运离现场的费用 ⑤ 承包人为完成合同工程而预期开支的任何合理费用，且该项费用未包括在本款其他各项支付之内

37. **【2022 年真题】** 关于工程合同价款纠纷的解决，下列说法正确的是（　　）。

A. 调解包括监理或造价工程师暂定

B. 工程造价管理机构做出的解释或认定结果发承包双方均应认可

C. 合同履行期间，发承包双方均不得调换或终止任何调解人

D. 发承包双方接受调解人出具的调解书的，经双方签字后作为合同的补充文件

【解析】 A 选项错误，调解包括管理机构的解释或认定和双方约定争议调解人进行调解，监理或造价工程师暂定属于和解方式；B 选项错误，发承包双方或一方对工程造价管理机构书面解释或认定有异议的，仍可按照合同约定的争议解决方式提请仲裁或诉讼；C 选项错误，发承包双方可以协议调换或终止任何调解人；D 选项正确。

38. **【2020 年真题】** 根据《建设工程造价鉴定规范》，关于鉴定期限的起算，下列说法正确的是（　　）。

A. 从鉴定机构函回复委托人接受委托之日起算

B. 从鉴定机构函回复委托人接受委托之日的次日计算

C. 从鉴定人接收委托人移交证据材料之日起算

D. 从鉴定人接收委托人移交证据材料之日的次日起算

【解析】 本题考核工程造价鉴定相关知识点。鉴定期限从鉴定人接收委托人按照规定移交证据材料之日起的次日算起。故 D 选项正确。

39. **【2019 年真题】** 关于合同价款纠纷的处理方式正确的是（　　）。

A. 施工合同无效，但工程竣工验收合格，可以参照合同关于工程价款的约定折价补偿承包人

B. 发包人与承包人对垫资利息没有约定，承包人请求支付利息的，人民法院应予支持

C. 施工合同无效，修复后的建设工程经验收不合格的，承包人请求支付工程价款的，人民法院应予支持

D. 未经竣工验收，发包人擅自使用工程后，以使用部分的工程质量不合格为由主张权利的，人民法院应予支持

【解析】 本题考核合同价款纠纷的相关规定。A 选项正确；B 选项错误，当事人对垫资利息没有约定，承包人请求支付利息的，人民法院不予支持；C 选项错误，修复后的建设工程经验收不合格的，承包人无权请求参照合同关于工程价款的约定折价补偿；D 选项错误，建设工程未经竣工验收，发包人擅自使用后，又以使用部分质量不符合约定为由主张权利的，人民法院不予支持。

40. **【2018 年真题】**某国内工程合同对欠付价款利息计付标准和付款时间没有约定，若发生欠款事件时，下列利息支付的说法中错误的是（　　）。

A. 按照中国人民银行发布的同期各类贷款利率中的高值计息

B. 建设工程已实际交付的，计息日为交付之日

C. 建设工程没有交付的，计息日为提交竣工结算文件之日

D. 建设工程未交付的，工程价款也未结算的，为当事人起诉之日

【解析】 本题考核工程欠款利息的相关规定。具体原则为当事人对欠款利息有约定的从其约定，没有约定的按中国人民银行发布的同期同类贷款利率计算，故 A 选项错误；利息从应付价款之日计付，约定不明确的为工程交付之日，工程未交付的为提交竣工结算文件之日，工程未交付也未提交竣工结算文件的，为当事人起诉之日，故 B、C、D 选项正确。

41. **【2017 年真题】**调解是解决工程合同价款纠纷的一种途径，下列关于调解的说法中正确的是（　　）。

A. 承包人对调解书有异议时，可以停止施工

B. 发承包双方签字认可的调解书不能作为合同的补充文件

C. 发承包双方可在合同履行期间协议调换或终止合同约定的调解人

D. 调解人的任期在竣工结算经承包人双方确认时终止

【解析】 本题考核调解的相关规定。A、B 选项错误，双方发生争议调解人提出调解书的，如果双方接受的，经签字后作为合同补充文件，如果有异议的，应向对方发出通知，同时，除非调解书在仲裁裁决、诉讼判决书中做出修改或者合同解除，承包人应当继续按照合同约定实施工程；C 选项正确、D 选项错误，发承包双方约定调解人后可协议调换或终止任何调解人，但是任何一方不能单独行动；在最终结清付款证书生效后，调解人的任期即终止。

42. **【2017 年真题】**下列建设工程施工合同无效情况下产生的价款纠纷，下列做法不正确的是（　　）。

A. 工程竣工验收合格，承包人请求按合同支付工程价款

B. 工程竣工验收不合格，但修复后合格的，发包人要求承包人承担修复费用

C. 工程竣工验收不合格，修复后仍不合格，承包人请求支付工程价款

D. 承包人超越资质等级签订施工合同，但竣工前取得相应资质等级，请求按照有效合同处理

【解析】 本题考核施工合同无效的纠纷处理。A 选项做法正确，不当选，建设工程施工合同无效，但建设工程经验收合格的，可以参照合同关于工程价款的约定折价补偿承包人；B 选项做法正确，不当选，建设工程施工合同无效，且建设工程经验收不合格的，修复后的建设工程经验收合格的，发包人可以请求承包人承担修复费用；C 选项做法错误，当选，建设工程施工合同无效，且建设工程经验收不合格的，修复后的建设工程经验收不合格的，承包人无权请求参照合同关于工程价款的约定折价补偿；D 选项做法正确，不当选，承包人超越资质等级许可的业务范围签订建设工程施工合同，在建设工程竣工前取得相应资质等级，当事人请求按照无效合同处理的，人民法院不予支持。

43. 【2016 年真题】施工合同价款纠纷处理中，一方当事人拒不履行，另一方当事人可以请求人民法院执行的文书是（　　）。

A. 和解协议书　　B. 造价认定书

C. 行政调解书　　D. 仲裁裁决书

【解析】 本题考核合同纠纷的处理。当事人应当履行发生法律效力的法院判决或裁定、仲裁裁决、法院或仲裁调解书；拒不履行的，对方当事人可以请求人民法院执行。故 D 选项正确。

44. 【2016 年真题】建设工程已实际交付，但施工合同没有约定付款时间，则拖欠工程款利息的起算日期为（　　）。

A. 提交竣工结算文件之日　　B. 确认竣工结算文件之日

C. 竣工验收合格之日　　D. 工程实际交付之日

【解析】 略。

45. 【2023 年真题】关于和解方式解决建设工程施工合同纠纷，下列说法正确的有（　　）。

A. 和解是指当事人在自愿互谅的基础上自行解决争议的一种方式

B. 和解方式具有简便易行，能经济、及时解决纠纷的特点

C. 和解解决纠纷应邀请第三方见证，或者在第三方的组织下进行

D. 和解达成一致的应签订和解协议，和解协议对双方均具有约束力

E. 一方拒不履行和解协议的，对方当事人可以请求人民法院执行

【解析】 A、B 选项正确，和解是指当事人在自愿互谅的基础上，就已经发生的争议进行协商并达成协议，自行解决争议的一种方式。发生合同争议时，当事人应首先考虑通过和解解决争议。合同争议和解解决方式简便易行，能经济、及时地解决纠纷，同时有利于维护合同双方的友好合作关系，使合同能更好地得到履行。C 选项错误，相关法律法规并未规定和解需要第三方见证。D 选项正确，协商达成一致的，双方应签订书面和解协议，和解协议对发承包双方均有约束力。E 选项错误，一方拒不履行和解协议的，对方当事人无权请求人民法院执行，根据《民法典》规定，当事人可就和解协议向人民法院起诉，需要有法院生效法律文书后，才可申请强制执行。

46. 【2022 年补考真题】关于合同价款纠纷的处理，下列说法正确的有（　　）。

A. 发包人要求承包人垫资施工但双方对垫资没有约定的，垫资部分按工程欠款处理

B. 发包人要求承包人垫资施工，双方对垫资利息虽未约定，但承包人提出支付处理利息请求的，应予支持

C. 施工合同无效但建设工程验收合格的，可按合同对工程价款的约定折价补偿承包人

D. 施工合同无效且建设工程验收不合格，经修复后验收合格的，修复费用应由发包人承担

E. 招投标双方另行签订施工合同约定的工程价款与中标合同实质性内容不一致的，应按照中标合同确定权利义务

【解析】 B 选项错误，当事人对垫资利息没有约定，承包人请求支付利息的，人民法院不予支持；D 选项错误，修复后的建设工程经验收合格的，发包人可以请求承包人承担修复费用；A、C、E 选项正确。

47. **【2022 年真题】** 根据《建设工程造价鉴定规范》，关于鉴定意见书的鉴定意见，下列说法正确的有（　　）。

A. 鉴定意见可同时包括确定性意见、推断性意见、选择性意见

B. 当鉴定事项内容事实清楚，证据充分，应做出确定性意见

C. 当鉴定项目或鉴定事项事实不清楚，应做出推断性意见

D. 当鉴定项目合同约定矛盾，可按不同约定做出选择性意见

E. 重新鉴定时，对当事人达成的书面妥协性意见应纳入确定性意见

【解析】

鉴定意见	当鉴定项目或鉴定事项内容事实清楚，证据充分，应做出确定性意见
	当鉴定项目或鉴定事项内容客观、事实较清楚，但证据不够充分，应做出推断性意见
	当鉴定项目合同约定矛盾或鉴定事项中部分内容证据矛盾，委托人暂不明确要求鉴定人分别鉴定的，可分别按照不同的合同约定或证据，做出选择性意见，由委托人判断使用
	在鉴定过程中，对鉴定项目或鉴定项目中部分内容，当事人相互协商一致，达成的书面妥协性意见应纳入确定性意见，但应在鉴定意见中予以注明
	重新鉴定时，对当事人达成的书面妥协性意见，除当事人再次达成一致同意外，不得作为鉴定依据直接使用
	鉴定意见书不得载有对案件性质和当事人责任进行认定的内容

48. **【2021 年真题】** 有效的仲裁协议是申请仲裁的前提，仲裁协议达到有效必须同时具备的内容有（　　）。

A. 请求仲裁的意思表达

B. 仲裁事项

C. 仲裁期限

D. 仲裁费用

E. 选定的仲裁委员会

【解析】 本题考核仲裁协议的内容。仲裁协议的内容应当包括：①请求仲裁的意思表示；②仲裁事项；③选定的仲裁委员会。前述三项内容必须同时具备，仲裁协议方为有效。

49. **【2020 年真题】** 为保证建设工程仲裁协议有效，合同双方签订的仲裁协议中必须包括的内容有（　　）。

A. 请求仲裁的意思表达　　B. 仲裁事项

C. 选定的仲裁员　　D. 选定的仲裁委员会

E. 仲裁结果的执行方式

【解析】 略。

50. **【2019 年真题】**关于工程签证争议的鉴定，下列做法错误的是（　　）。

A. 签证明确了人工、材料、机具台班数量及价格的，按签证的数量和价格计算

B. 签证只有用工数量没有单价的，其人工单价比照鉴定项目人工单价下浮计算

C. 签证只有材料用量没有价格的，其材料价格按照鉴定项目相应材料价格计算

D. 签证只有总价款而无明细表述的，按总价款计算

【解析】 本题考核工程签证争议的鉴定。具体规定为：①签证明确了人、材、机数量及其价格的，按签证的数量和价格计算；②签证只有用工数量没有人工单价的，人工单价按照工作技术要求比照鉴定项目相应工程人工单价适当上浮计算；③签证只有材料机具台班用量没有价格的，材料和台班价格按照鉴定项目相应工程材料和台班价格计算；④签证只有总价款而无明细表述的，按总价款计算。故 B 选项错误，A、C、D 选项正确。

51. **【2016 年真题】**工程造价咨询人开展工程造价鉴定工作时，正确的做法有（　　）。

A. 应接受承发包双方当事人委托依法依规进行鉴定工作

B. 应依法出庭接受鉴定项目当事人对鉴定意见书的质询

C. 应自行收集适用于鉴定项目的工程造价信息

D. 应自行对现场进行勘验

E. 是鉴定项目一方当事人、代理人的，应自行回避

【解析】 本题考核工程造价鉴定相关知识点。A 选项错误，工程造价鉴定不是受发承包双方委托而是受人民法院或仲裁机构的委托；B、C 选项正确；D 选项错误，需要现场勘验的，鉴定人应提请委托人组织现场勘验或核对；E 选项正确。

参考答案

1	2	3	4	5	6	7	8	9	10
A	B	C	C	C	A	AB	ABE	B	D
11	12	13	14	15	16	17	18	19	20
C	ABCE	A	A	C	A	D	C	C	D
21	22	23	24	25	26	27	28	29	30
B	D	ABE	ABE	ABD	B	B	B	A	C
31	32	33	34	35	36	37	38	39	40
D	D	C	D	C	C	D	D	A	A
41	42	43	44	45	46	47	48	49	50
C	C	D	D	ABD	ACE	ABD	ABE	ABD	B
51									
BCE									

【2025 考点预测】

1. 工程计量的原则及不同类型合同的计量方法。
2. 预付款数额的计算、起扣点的计算、预付款保函的相关规定。
3. 安全生产措施费的支付。
4. 竣工结算的审核主体、审核方法、承包人异议的处理及质量争议工程的结算。
5. 不可抗力、发包人原因、承包人原因解除合同后的费用承担。
6. 质量保证金的管理、使用、返还及最终结清的程序。
7. 施工合同无效的情形，处理方式及不能认定为无效的情形。
8. 垫资施工合同的纠纷处理。
9. 造价鉴定依据的分类、鉴定意见的分类及适用范围。

第三节　工程总承包及国际工程合同价款结算

【考点分解】

考点一、工程总承包合同价款的结算

考点二、国际工程合同价款的结算

【真题实战】

考点一、工程总承包合同价款的结算

1. **【2022 年补考真题】**根据《建设项目工程总承包合同（示范文本）》，下列变化因素中，不属于工程总承包合同价款调整主要原因的是（　　）。

A. 分包人的替换　　B. 计日工单价变化

C. 工程变更　　D. 物价波动

【解析】　工程总承包合同价款调整的主要原因包括变更、暂估价、计日工、暂列金额、物价波动以及法律变化引起的价格调整等事项。故 A 选项正确。

2. **【2022 年补考真题】**根据《建设项目工程总承包合同（示范文本）》，关于工程总承包合同价款结算，下列说法正确的是（　　）。

A. 在颁发工程接收证书前解除合同的，尚未扣完的预付款不与合同价一并结算

B. 发包人签发进度款支付证书，表明发包人同意、批准或接受了承包方已完成的相应工作

C. 已签发的进度款支付证书存在错误或遗漏的，不得再进行修改

D. 人工费应按月支付

【解析】　本题考核工程总承包合同价款结算。D 选项正确，人工费应按月支付，已支付的人工费在支付进度款时予以相应扣除。

3. **【2022 年真题】**根据《建设项目工程总承包合同（示范文本）》规定，关于工程总

承包价款结算中的最终结清支付，下列说法正确的是（ ）。

A. 发包人应在颁发最终结清证书后 14 天内完成支付

B. 最终结清应支付的金额为质量保证金总额

C. 发包人逾期支付超过 56 天的，按照贷款市场报价利率（LPR）支付利息

D. 发包人逾期支付超过 56 天的，按照贷款市场报价利率的两倍支付利息

【解析】 本题考核工程总承包价款最终结清，A、C 选项错误，D 选项正确，发包人应在颁发最终结清证书后 7 天内完成支付。逾期支付的，按照贷款市场报价利率（LPR）支付利息；逾期支付超过 56 天的，按照贷款市场报价利率（LPR）的两倍支付利息；B 选项错误，最终结清申请单应列明质量保证金、应扣除的质量保证金、缺陷责任期内发生的增减费用。

4.【2021 年真题】根据现行《标准设计施工总承包招标文件》，其他项目清单中依法必须招标的专业工程暂估价项目由承包人作为发包人，关于该专业工程的招标，下列说法正确的是（ ）。

A. 招标文件不需要发包人批准

B. 评标方案不需要发包人批准，仅将结果报发包人备案

C. 组织招标的费用由承包人承担

D. 该专业工程中标价格不会影响总承包人的合同价款

【解析】 本题考核工程总承包专业工程暂估价的处理。对于依法必须招标的暂估价项目，专用合同条件约定由承包人作为招标人的，招标文件、评标方案、评标结果应报送发包人批准，与组织招标工作有关的费用应当被认为已经包括在承包人的签约合同价中；专用合同条件约定由发包人和承包人共同作为招标人的，与组织招标工作有关的费用在专用合同条件中约定，故 A、B 选项错误；暂估价项目的中标金额与价格清单中所列暂估价的金额差以及相应的税金等其他费用应列入合同价格，故 D 选项错误；采用排除法，C 选项正确。

5.【2020 年真题改编】根据现行《标准设计施工总承包招标文件》，关于发包人在价格清单中给定暂估价的材料，下列说法错误的是（ ）。

A. 专用合同条件约定由承包人作为招标人的，招标文件、评标方案、评标结果应报送发包人批准

B. 合同约定由承包人负责招标的，与组织招标工作有关的费用已包含在签约合同价中

C. 合同约定由发承包双方共同招标的，与组织招标工作有关的费用由双方分摊

D. 不属于依法必须招标的，承包人具备相应资质的，经协商可以由承包人自行实施

【解析】 本题考核工程总承包暂估价调整合同价款。C 选项错误，专用合同条件约定由发包人和承包人共同作为招标人的，与组织招标工作有关的费用在专用合同条件中约定。

6.【2019 年真题】对于工程总承包合同中质量保证金的扣留与返还，下列做法正确的是（ ）。

A. 扣留金额的计算中应考虑预付款的支付、扣回及价格调整的金额

B. 不论是否缴纳履约保函，均须扣留质量保证金

C. 质量保证金原则上采用预留相应比例的工程款的方式

D. 最终结清申请单应列明质量保证金、应扣除的质量保证金、缺陷责任期内发生的增减费用

【解析】 本题考核质量保证金的扣留与返还。A选项错误，质量保证金的计算基数不包括预付款的支付、扣回以及价格调整的金额；B选项错误，在工程项目竣工前，承包人已经提供履约担保的，发包人不得同时要求承包人提供质量保证金；C选项错误，质量保证金原则上采用提交工程质量保证担保；D选项正确。

7. **【2023年真题】** 根据《建设项目工程总承包合同（示范文本）》通用合同条件，关于工程总承包合同价款结算，下列说法正确的有（　　）。

A. 总承包合同为总价合同，除合同对价款调整另有约定外，合同价格不作调整

B. 承包人应按合同约定支付各项税费，并根据税费的变化进行合同价格调整

C. 价格清单中列出的工程量，应视为要求承包人实际实施的工作量

D. 合同中可以约定工程的某些部分按照实际完成的工程量进行计量和支付

E. 采用价格指数法调价时，未列入合同《价格指数权重表》的费用不进行调整

【解析】

总述	
合同形式	总承包合同为总价合同，除根据合同相关增减金额的约定进行调整外，合同价格不作调整
税费	承包人应支付根据法律规定或合同约定应由其支付的各项税费，除由于法律变化引起的调整事件外，合同价格不应因这些税费进行调整
工程量	价格清单列出的任何数量仅为估算的工作量，不得将其视为要求承包人实施的工程的实际或准确的工作量
	合同约定工程的某部分按照实际完成的工程量进行支付的，应按照专用合同条款的约定
工程总承包合同价款的调整	
工程总承包合同价款调整的主要原因包括变更、暂估价、计日工、暂列金额、物价波动以及法律变化引起的价格调整等事项 另外，未列入《价格指数权重表》的费用不因市场变化而调整	

8. **【2022年补考真题】** 根据《建设项目工程总承包合同示范文本》，暂估价用于支付必然发生但暂时不能确定价格的（　　）。

A. 专业服务　　B. 计日工

C. 专业工程　　D. 设计变更

E. 材料、设备

【解析】 本题考核工程总承包合同暂估价的内容。暂估价是指发包人在项目清单中给定的，用于支付必然发生但暂时不能确定价格的专业服务、材料、设备、专业工程的金额，故A、C、E选项正确。

9. **【2020年真题】** 根据《建设项目工程总承包合同（示范文本）》，工程总承包项目合同中的暂列金额可用于支付签订合同时（　　）。

A. 不可预见的变更设计费用

B. 不可预见的变更施工费用

C. 已知必然发生，但暂时无法确定价格的专业工程费用

D. 已知必然发生，但暂时无法确定价格的工程设备购置费用

E. 以计日工方式计价的工程变更费用

【解析】 本题考核工程总承包合同暂列金额的内容。暂列金额是指发包人在项目清单中给定的，用于在订立协议书时尚未确定或不可预见变更的设计、施工及其所需材料、工程设备、服务等的金额，包括以计日工方式支付的金额。每一笔暂列金额只能按照发包人的指示全部或部分使用。故A、B、E选项正确。

10. **【2018年真题】**根据《建设项目工程总承包合同示范文本（试行）》规定，下列说法正确的有（　　）。

A. 质量保证金是指承包人用于保证其在保修期内履行缺陷修复义务的担保

B. 承包人已经提供履约担保的，发包人不得同时要求承包人提供质量保证金

C. 质量保证金原则上采用提交工程质量保证担保方式

D. 质量保证金的计算基数包括预付款的支付、扣回以及价格调整的金额

E. 承包人按约定提交工程质量担保的，发包人应同时返还预留作为质保金的工程款及同期同类存款利息

【解析】 本题考核质量保证金相关规定。A选项错误，质量保证金是指承包人用于保证其在缺陷责任期内履行缺陷修复义务的担保；D选项错误，质量保证金的计算基数不包括预付款的支付、扣回以及价格调整的金额。

考点二、国际工程合同价款的结算

11. **【2023年真题】**国际工程管理中，如果承包商认为其建议被业主采纳后能够降低业主实施工程的费用，可随时向工程师提交一份书面建议书，该书面建议书的编制费用应由（　　）承担。

A. 业主　　　　B. 承包商

C. 工程师　　　　D. 设计单位

【解析】

工程师指示变更	工程师发出变更指令→承包人提交实施计划及建议（含工期、价格）→商定或做出决定（工期、价格）
	在明确构成工程变更的情况下，承包人当然享有工期顺延和调价的权利，无须再依据索赔程序发出索赔通知
承包人建议的变更	一类是工程师征求承包人的建议，另一类是承包人基于价值工程主动提出的建议
工程师征求承包人的建议	工程师征求建议→承包人提交建议书→工程师答复（是否批准）
主动提出的建议	工程师批准建议书的，不论是否提出意见，工程师都应当发出变更指令
	基于价值工程产生的变更，承包人应自费编制此类建议书

注：不论何种变更，都必须由工程师发出变更指令。

12. **【2022年真题】** 根据FIDIC《施工合同条件》，关于国际工程承包合同中的暂定金额，下列说法正确的是（　　）。

A. 暂定金额引起的价格调整不包括提供永久设备、材料或服务的金额

B. 暂定金额支付项目应包括按照计日工方式实施变更的价款

C. 承包人提供永久设备、材料或服务，应由工程师确定调整价格

D. 每一笔暂定金额仅按照工程师的指示全部或部分使用，并相应地调整合同价格

【解析】 本题考核国际工程暂定金额。A选项错误，暂定金额指业主在合同中明确规定用于“暂定金额条款”项下任何部分工程的实施或提供永久设备、材料或服务的一笔金额；B选项错误，对于数量较少的、偶然发生的零星工作，工程师可以指示按照计日工方式实施变更；C选项错误，由承包人实施工作（包括提供永久设备、材料或服务），并按照合同规定的变更程序商定或决定合同价格的调整；D选项正确。

13. **【2020年真题】** 根据FIDIC《施工合同条件》，关于国际工程变更与合同价款调整，下列说法正确的是（　　）。

A. 合同中任何工作的工程量变化均能调整合同价款

B. 不论何种变更，均须由工程师发出变更指令

C. 在明确构成工程变更的情况下，承包商仍须按程序发出索赔通知

D. 承包商提出的对业主有利的工程变更建议书的编制费用，应由业主承担

【解析】 本题考核国际工程变更相关知识点。A选项错误，此种说法太绝对，例如承包人自身原因导致工程量变化一般不能调整合同价款；B选项正确；C选项错误，在明确构成工程变更的情况下，承包商当然享有工期顺延和调价的权利，无须再依据索赔程序发出索赔通知；D选项错误，基于价值工程主动提出的变更，承包商应自费编制此类建议书。

14. **【2019年真题】** 根据FIDIC《施工合同条件》，关于物价波动引起的价格调整，下列说法正确的是（　　）。

A. 在通用条款中规定了调价公式

B. 调价公式不适用于基于实际费用或现行价格计算价值的工程

C. 调价公式中所列各项费用要素的权重一经约定，合同实施过程中不得调整

D. 调价公式中的固定系数，在合同实施过程中可视情况调整

【解析】 本题考核国际工程价款物价波动的调整。A选项错误，FIDIC《施工合同条件》将该调价公式放入专用条款的“费用指数报表”中，供双方当事人选用；B选项正确；C选项错误，如果由于工程变更，使得各项费用要素的权重（系数）变得不合理、失衡或者不适用时，则应对其进行调整；D选项错误，固定系数，代表合同支付中不予调整的部分。

15. **【2018年真题】** 根据FIDIC《施工合同条件》通用条款，因工程量变更可以调整合同规定费率的必要条件是（　　）。

A. 实际分项工程量变化大于15%

B. 该分项工程量的变更与相对应费率的乘积超过了中标金额的0.01%

C. 工程量的变更直接导致了该部分工程每单位工程费用的变动超过了2%

D. 该部分工程量变更导致直接费受到损失

【解析】 本题考核工程价格调整必备条件。具体条件为：①该项工作实际测量的工程量变化超过工程量清单或其他报表中规定工程量的10%以上；②该项工作工程量的变化与工程量清单或其他报表中相对应费率或价格的乘积超过中标合同金额的0.01%；③工程量的变化直接导致该项工作的单位工程量费用的变动超过1%；④该项工作并非工程量清单或其他报表中规定的“固定费率项目”“固定费用”和其他类似涉及单价不因工程量的任何变化而调整的项目。故B选项正确。

16. **【2017年真题】**根据FIDIC《施工合同书》通用合同条件，关于发包人对保留金的保留和返还，下列说法中正确的是（　　）。

A. 每次期中支付时扣留2.5%~5%作为保留金

B. 签发整个工程的接收证书后，返还40%的保留金

C. 工程最后一个缺陷通知期满后，返还剩余的保证金

D. 如承包人有尚未完成的工作，不应返还剩余的保留金

【解析】 本题考核保留金的返还。保留金的返还分为工程竣工后的返还和缺陷通知期满后的返还。工程竣工后返还：工程师签发工程接收证书后，承包人应申请返还一半的保留金，如果签发的接收证书仅限于分项工程，则返还的保留金应按该分项工程的相应比例的一半支付；缺陷通知期满后的返还：最后一个缺陷通知期届满后，承包商应立即申请支付保留金的另一半，如果签发的接收证书仅限于分项工程，则返还的保留金应按该分项工程的相应比例的一半支付。另外注意，申请支付的方式为将保留金列入其支付报表中。故C选项正确。

17. **【2016年真题】**FIDIC《施工合同条件》规定，如果承包商不能按时收到业主的付款，承包商有权就未付款额收取延误支付期间的融资费。融资费计息方式是（　　）。

A. 按星期计算单利　　B. 按星期计算复利

C. 按月计算单利　　D. 按月计算复利

【解析】 本题考核延迟支付工程款利息的计算。如果承包商未在规定的期限内收到付款，承包商有权就未付款额自支付期限届满之日起按月计算复利，收取延误支付期间的融资费用。故D选项正确。

18. **【2022年真题】**根据FID1C《施工合同条件》，关于国际工程承包的工程变更，下列说法正确的有（　　）。

A. 在颁发工程接收证书前的任何时间均可以变更

B. 依照变更程序的规定发出变更指令的应当是工程师

C. 承包人提出变更建议后等待答复期间应暂停施工

D. 承包人可基于价值工程主动提出变更的建议

E. 合同中任何工作的工程量的变化均构成变更

【解析】 本题考核国际工程变更的相关规定。C选项错误，承包人在等待答复期间，不得延误任何工作；E选项错误，工程变更的范围包括合同中任何工作的工程量的变化，但此类变化不一定构成变更。

19.【2021年真题】根据FIDIC《施工合同条件》通用条款，因工程量变更可以调整合同规定费率的必要条件是（　　）。

A. 总量变化超过15%

B. 单位工程价款超过签约合同价的0.01%

C. 工程量的变化直接导致该项工作的单位工程费用变动超过1%

D. 不是工程量清单中的“固定费用”

E. 不是工程量清单中约定的不因工程量的任何变化而调整的项目

【解析】略。

20.【2019年真题】根据《施工合同条件》规定，关于工程变更的说法，正确的有（　　）。

A. 不论何种变更，均须由工程师发出变更指令

B. 在明确构成工程变更的情况下，承包商享有工期顺延和调价权利，无须再发出索赔通知

C. 承包商建议的变更是指承包商基于价值工程主动提出建议而形成的变更

D. 对于变更工程重新确定费率或价格，在没有可供参考依据且缺乏合同约定的条件下，利润率按5%计取

E. 承包商基于价值工程主动提出建议引起的变更经批准后，变更永久工程的设计增加的设计费由发包人承担

【解析】本题考核工程变更的相关规定。C选项错误，承包商的建议包括两类：一类是工程师征求承包商的建议，另一类是承包商基于价值工程主动提出的建议；E选项错误，如果由工程师批准的建议包括对部分永久工程的设计的改变，除非双方另有约定，否则均应当由承包商自费完成该部分工程的设计工作并承担相应的义务。其余选项正确。

21.【2017年真题】在国际工程承包中，根据FIDIC《施工合同条件》，因工程量变更可以调整合同规定费率或价格的条件包括（　　）。

A. 实际工程量比工程量表中规定的工程量的变动大于10%

B. 该工程量的变更与相对应费率的乘积超过了中标金额的0.01%

C. 由于工程量的变动直接造成单位工程费用的变动超过1%

D. 原工程量全部删减，其替代工程的费用对合同总价无影响

E. 该部分工程量是合同中规定的“固定率项目”

【解析】略。

参考答案

1	2	3	4	5	6	7	8	9	10
A	D	D	C	C	D	ADE	ACE	ABE	BCE
11	12	13	14	15	16	17	18	19	20
B	D	B	B	B	C	D	ABD	CDE	ABD
21									
ABC									

【2025 考点预测】

1. 工程总承包变更的分类及各类变更程序。
2. 工程总承包预付款保函的提交时间、担保期限和担保金额。
3. 工程总承包暂列金额、暂估价相关规定。
4. 工程总承包延迟付款的利息支付规定。
5. 国际工程工程量变化引起价格调整应满足的条件。
6. 国际工程材料设备款的预支条件、预支比例和扣回。

第六章　建设项目竣工决算和新增资产价值的确定

第一节　竣 工 决 算

【考点分解】

略

【真题实战】

1. **【2023 年真题】** 下列建设项目竣工决算文件中，能够反映基本建设项目的全部资金来源和资金占用情况的是（　　）。

A. 基本建设项目概况表　　B. 基本建设项目交付使用资产明细表

C. 基本建设项目交付使用资产总表　　D. 基本建设项目竣工财务决算表

【解析】 建设项目竣工财务决算表用来反映建设项目的全部资金来源和资金占用情况，是考核和分析投资效果的依据。该表反映竣工的建设项目从开工到竣工为止全部资金来源和资金运用的情况。故 D 选项正确。

2. **【2023 年真题】** 编制建设项目竣工决算文件时，不列入建设项目投资支出，应计入待核销基建支出的是（　　）。

A. 报废工程净损失、设备盘亏及毁损支出

B. 办公生活用家具、器具购置支出

C. 软件研发和不能计入设备投资的软件购置支出

D. 不能形成资产的城市绿化、水土保持支出

【解析】

竣工财务决算报表	基本建设项目概况表综合反映基本建设项目的基本概况，内容包括该项目总投资、建设起止时间、新增生产能力、主要材料消耗、建设成本、完成主要工程量和主要技术经济指标，为全面考核和分析投资效果提供依据 基建支出是指建设项目从开工起至竣工为止发生的全部基本建设支出，包括形成资产价值的交付使用资产，如固定资产、流动资产、无形资产、其他资产支出，还包括不形成资产价值按照规定应核销的非经营项目的待核销基建支出和转出投资 需要注意的是，基本建设项目在建设期间的建设资金存款利息收入冲减债务利息支出，利息收入超过利息支出的部分，冲减待摊投资总支出。项目单项工程报废净损失计入待摊投资支出，单项工程报废应

（续）

竣工财务决算报表	当经有关部门或专业机构鉴定。非经营性项目以及使用财政资金所占比例超过项目资本50%的经营性项目，发生的单项工程报废经鉴定后，须报项目竣工财务决算批复部门审核批准 待核销基建支出包括以下内容：非经营性项目发生的江河清障、航道清淤、飞播造林、补助群众造林、退耕还林（草）、封山（沙）育林（草）、水土保持、城市绿化、毁损道路修复、护坡及清理等不能形成资产的支出，以及项目未被批准、项目取消和项目报废前已发生的支出；非经营性项目发生的农村沼气工程、农村安全饮水工程、农村危房改造工程、游牧民定居工程、渔民上岸工程等涉及家庭或者个人的支出，形成资产产权归属家庭或者个人的，也作为待核销基建支出处理 非经营性项目转出投资支出是指非经营项目为项目配套的专用设施投资，包括专用道路、专用通信设施、送变电站、地下管道等，且其产权不属于本单位的投资支出。对于产权归属本单位的，应计入交付使用资产价值

3. **【2022年补考真题】** 基本建设项目概况表是建设项目竣工财务决算报表之一。下列费用项目，应计列在基本建设项目概况表中的是（　　）。

A. 交付使用资产　　　　B. 固定资产

C. 流动资产　　　　D. 新增生产能力

【解析】 基本建设项目概况表综合反映基本建设项目的基本概况，内容包括该项目总投资、建设起止时间、新增生产能力、主要材料消耗、建设成本、完成主要工程量和主要技术经济指标，故D选项正确。

4. **【2022年真题】** 关于建设项目竣工决算编制中的工程造价对比分析，下列说法正确的是（　　）。

A. 应对工程建设其他费逐一对比

B. 批准的投资估算是考核建设工程造价的依据

C. 考核实物工程量时对于有出入的必须查明原因

D. 要逐一分析工程子目的单价和变动情况

【解析】 A选项正确，在分析时，可先对比整个项目的总概算，然后将建筑安装工程费、设备工器具费和其他工程费用逐一与竣工决算表中所提供的实际数据和相关资料及批准的概算、预算指标、实际的工程造价进行对比分析；B选项错误，批准的设计概算是考核建设工程造价的依据；C选项错误，考核主要实物工程量时，对于实物工程量出入比较大的情况，必须查明原因；D选项错误，分析内容包括主要工程子目的单价和变动情况。

5. **【2020年真题】** 根据《基本建设项目建设成本管理规定》，建设项目的建设成本包括（　　）。

A. 为项目配套的专用送变电站投资　　　　B. 非经营性项目转出投资支出

C. 非经营性的农村饮水工程　　　　D. 项目建设管理费

【解析】 本题考核竣工决算财务报表相关知识点。建筑安装工程投资支出、设备工器具投资支出、待摊投资支出和其他投资支出构成建设项目的建设成本；项目建设管理费属于其他投资支出。故D选项正确。

6. **【2019年真题】** 下列作为考核和分析投资效果，落实结余资金，并作为报告上级核销基本建设支出依据是（　　）。

A. 基本建设项目概况表　　B. 基本建设项目竣工财务决算表

C. 基本建设项目交付使用资产总表　　D. 基本建设项目交付使用资产明细表

【解析】 本题考核竣工决算的内容，详见下表。

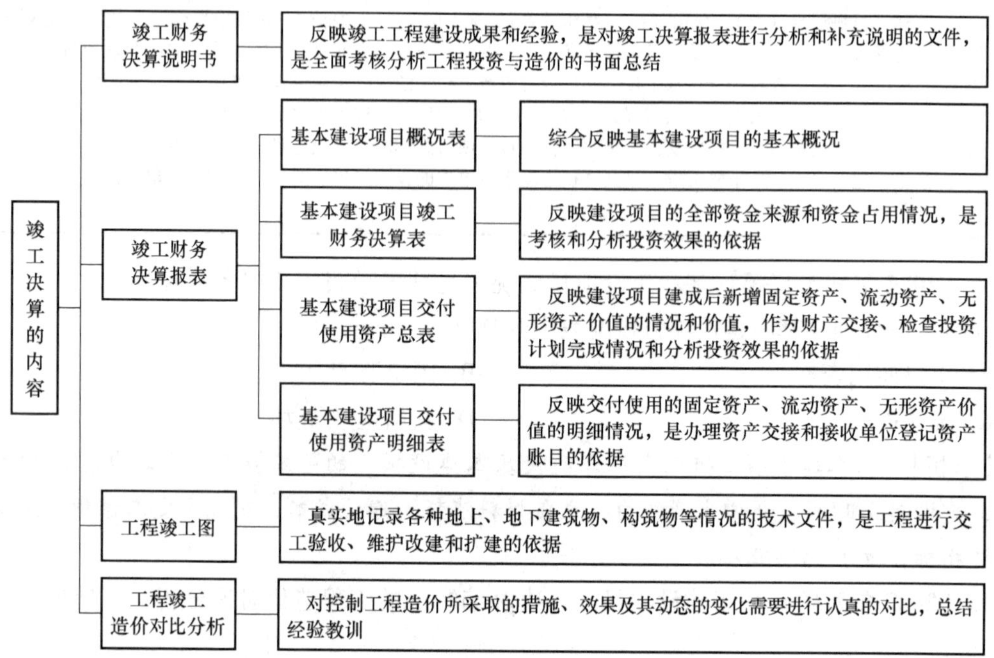

7. 【2018年真题】竣工决算文件中，主要反映竣工工程建设成果和经验，全面考核分析工程投资与造价的书面总结文件是（　　）。

A. 竣工财务决算说明书　　B. 竣工财务决算报表

C. 工程竣工造价对比分析　　D. 工程竣工验收报告

【解析】 略。

8. 【2017年真题】下列竣工财务决算说明书的内容，一般在项目概况部分予以说明的是（　　）。

A. 项目资金计划及到位情况　　B. 项目进度、质量情况

C. 项目建设资金使用与结余情况　　D. 主要技术经济指标的分析、计算情况

【解析】 本题考核项目概况应说明的内容。项目概况一般从进度、质量、安全和造价方面进行分析说明。A、C、D选项内容与项目概况并列同属于竣工财务决算说明书的内容。故B选项正确。

9. 【2016年真题】竣工财务决算的基本建设项目概况表中，应列入非经营性项目转出投资支出的项目是（　　）。

A. 产权属于本单位的城市绿化　　B. 不能形成资产的城市绿化

C. 产权属于本单位的专用道路　　D. 产权不属于本单位的专用道路

【解析】 本题考核非经营项目转出投资支出的内容。非经营性项目转出投资支出是指非经营项目为项目配套的专用设施投资，包括专用道路、专用通信设施、送变电站、地下管

道等，且其产权不属于本单位的投资支出。本知识点注意两个条件，一是为项目配套的专用设施，二是产权不归属本单位，上述两条件要同时具备。特别注意与作为待核销基建支出处理的区别，待核销基建支出的费用分为两类，一类是非经营项目不能形成资产的支出（含项目未被批准、项目取消和项目报废的支出），另一类是非经营项目形成产权归属个人或者家庭的支出。非经营项目中对于产权归属本单位的，应计入交付使用资产价值。故 D 选项正确。

10. **【2016 年真题】**关于建设工程竣工图的绘制和形成，下列说法中正确的是（　　）。

A. 凡按图竣工没有变动的，由发包人在原施工图上加盖“竣工图”标志

B. 凡在施工过程中发生设计变更的，一律重新绘制竣工图

C. 平面布置发生重大改变的，一律由设计单位负责重新绘制竣工图

D. 重新绘制的新图，应加盖“竣工图”标志

【解析】　本题考核竣工图相关知识。凡按图竣工没有变动的，由承包人在原施工图上加盖“竣工图”标志后，即作为竣工图；凡在施工过程中，虽有设计变更，但能将原施工图加以修改补充作为竣工图的，由承包人负责在原施工图（必须是新蓝图）上注明修改的部分，并附以设计变更通知单和施工说明，加盖“竣工图”标志后，作为竣工图；凡不宜再在原施工图上修改、补充的重大改变，应重新绘制改变后的竣工图。由原设计原因造成的，由设计单位负责重新绘制；由施工原因造成的，由承包人负责重新绘图；由其他原因造成的，由建设单位自行绘制或委托设计单位绘制。承包人负责在新图上加盖“竣工图”标志，并附以有关记录和说明，作为竣工图。故 D 选项正确。

11. **【2023 年真题】**下列竣工决算的审核内容，属于项目核算管理审核的有（　　）。

A. 单位、单项工程造价是否在合理范围内

B. 建设成本核算是否准确

C. 转出投资是否已落实接收单位

D. 项目资金使用情况

E. 决算内容和格式是否符合国家有关规定

【解析】　项目核算管理情况审核具体包括：①建设成本核算是否准确；②待摊费用支出及其分摊是否合理合规；③待核销基建支出有无依据、是否合理合规；④转出投资有无依据、是否已落实接收单位；⑤决算报表所填写的数据是否完整，表内和表间钩稽关系是否清晰、正确；⑥决算的内容和格式是否符合国家有关规定；⑦决算资料报送是否完整、决算数据之间是否存在错误；⑧与财务管理和会计核算有关的其他事项。故 B、C、E 选项正确。

12. **【2018 年真题】**编制建设项目竣工决算必须满足的条件包括（　　）。

A. 经批准的初步设计所决定的工程内容已完成

B. 单项工程或建设项目竣工结算已完成

C. 收尾工程竣工结算已完成

D. 预留费用不超过规定比例

E. 涉及工程质量纠纷事项已处理完毕

【解析】　本题考核竣工决算的条件。编制工程竣工决算应具备下列条件：①经批准的

初步设计所确定的工程内容已完成；②单项工程或建设项目竣工结算已完成；③收尾工程投资和预留费用不超过规定的比例；④涉及法律诉讼、工程质量纠纷的事项已处理完毕；⑤其他影响工程竣工决算编制的重大问题已解决。故 A、B、D、E 选项正确。

13. **【2017 年真题】** 根据财政部、国家发展改革委、住建部的有关文件，竣工决算的组成文件包括（　　）。

A. 工程竣工验收报告

B. 工程竣工图

C. 设计概算施工图预算

D. 工程竣工结算

E. 工程竣工造价对比分析

【解析】 略。

参考答案

1	2	3	4	5	6	7	8	9	10
D	D	D	A	D	B	A	B	D	D
11	12	13							
BCE	ABDE	BE							

【2025 考点预测】

1. 竣工财务决算的组成及各组成部分的作用。
2. 待核销基建支出及非经营性项目转出投资的内容判断。
3. 基本建设项目竣工财务决算表中资金来源和资金占用的项目判断。
4. 建设工程竣工图无须修改、修改和重绘的情形及绘制主体。

第二节　新增资产价值的确定

【考点分解】

略

【真题实战】

1. **【2023 年真题】** 某工业建设项目及其甲车间的竣工决算资料见下表。甲车间应分摊的项目建设管理费为（　　）万元。

项目名称	建筑工程费/万元	安装工程费/万元	需安装设备费/万元	不需安装设备费/万元	项目建设管理费/万元
建设项目竣工决算	6000	1000	2000	500	120
甲车间竣工决算	1000	300	600	300	

A. 20.00

B. 22.29

C. 25.33

D. 27.79

【解析】

共同费用分摊方法	原则：从属于全部或部分单项工程的其他费用按各个单项工程造价比例分摊
	用地与工程准备费、工程勘察和建筑设计费等按建筑工程造价比例分摊
	生产工艺流程设计费按生产设备购置费比例分摊（包括需安装设备和不需安装设备）
	项目建设管理费、联合试运转费、工程保险费和建设期利息等按建筑工程、安装工程、需安装设备价值总额比例分摊

计算过程：120×(1000+300+600)÷(6000+1000+2000)=25.33（万元）。

2.【**2022年补考真题**】关于新增固定资产价值的确定范围，下列说法正确的是（　　）。

A. 购置的不需安装的设备和工器具，应在交付使用后计入新增固定资产价值

B. 为改善劳动条件而建设的附属工程，不应计入新增固定资产价值

C. 用地与工程准备费不应计入新增固定资产价值

D. 新增固定资产的待摊投资，应随同受益工程交付使用一并计入新增固定资产价值

【解析】A选项错误，购置达到固定资产标准不需安装的设备及工器具，应在交付使用后计入新增固定资产价值；B选项错误，附属辅助工程正式验收交付使用后计入新增固定资产价值；C选项错误，属于新增固定资产价值的待摊投资，应随同受益工程交付使用的同时一并计入；D选项正确。

3.【**2022年真题改编**】某工业建设项目及其单项工程甲有关投资见下表，则单项工程甲应分摊的工程建设其他费为（　　）万元。

费用名称	建筑工程	安装工程	需安装设备	不需要安装设备	项目建设管理费	用地与工程准备费	生产工艺流程设计费
建设项目竣工决算/万元	6000	1000	3000	1000	500	1200	100
单项工程甲/万元	2000	600	1500	300			

A. 566.67　　　　B. 605.00

C. 650.00　　　　D. 850.00

【解析】

共同费用分摊方法	原则：从属于全部或部分单项工程的其他费用按各个单项工程造价比例分摊
	用地与工程准备费、工程勘察和建筑设计费等按建筑工程造价比例分摊
	生产工艺流程设计费按生产设备购置费比例分摊（包括需安装设备和不需安装设备）
	项目建设管理费、联合试运转费、工程保险费和建设期利息等按建筑工程、安装工程、需安装设备价值总额比例分摊

计算过程：①项目建设管理费：500×(2000+600+1500)÷(6000+1000+3000)=205（万元）；②用地与工程准备费：1200×2000÷6000=400（万元）；③工艺流程设计费：100×(1500+300)÷(3000+1000)=45（万元）；故单项工程甲应分摊的工程建设其他费：205+400+

45=650.00（万元）。

4. **【2021 年真题改编】**某建设项目及其单项工程 X 的竣工决算见下表，则单项工程 X 应分摊的地质勘察费为（　　）万元。

项目名称	建筑工程费/万元	安装工程费/万元	需安装设备费/万元	地质勘查费/万元
建设项目竣工决算	8000	1000	4000	200
X 单项竣工决算	2000	300	1000	

A. 48.0　　B. 50.0
C. 50.8　　D. 51.1

【解析】 本题考核共同费用的分摊方法。计算过程：200×2000÷8000=50.0（万元）。

5. **【2020 年真题改编】**某建设项目由 A、B 两车间组成，其中 A 车间的建筑工程费 6000 万元，安装工程费 2000 万元，需安装设备费 2400 万元；B 车间建筑工程费 2000 万元，安装工程费 1000 万元，需安装设备费用 1200 万元；该建设项目的土地征用费 2000 万元，以上费用均为不含税造价，增值税税率均为 9%，则 A 车间应分摊的土地征用费是（　　）万元。

A. 1500.00　　B. 1454.55
C. 1424.66　　D. 1090.91

【解析】 本题考核共同费用的分摊方法。计算过程：2000×6000÷(2000+6000)=1500.00（万元）。

6. **【2018 年真题改编】**某工业项目及其中 I 车间的有关建设费用见下表，则 I 车间应分摊的生产工艺设计费应为（　　）万元。

项目名称	建筑工程费/万元	安装工程费/万元	需安装设备费/万元	不需安装设备费/万元	生产工艺设计费/万元
建设项目	8000	2000	4000	1000	400
I 车间	2000	800	2000	500	

A. 112.0　　B. 137.1
C. 160.0　　D. 200.0

【解析】 本题考核共同费用的分摊方法。计算过程：400×(2000+500)÷(4000+1000)=200.0（万元）。

7. **【2017 年真题改编】**某工业建设项目及其中 K 车间的各项建设费用见下表，则 K 车间应分摊的项目建设管理费为（　　）。

项目名称	建筑工程费/万元	安装工程费/万元	需安装设备费/万元	不需安装设备费/万元	项目建设管理费/万元
建设项目	6000	1000	3000	1000	210
K 车间	2000	500	1500	400	—

A. 70　　B. 75

C. 84　　D. 105

【解析】 本题考核共同费用的分摊方法。计算过程：(2000+500+1500)÷(6000+1000+3000)×210=84（万元）。

8.【2022年补考真题】新增流动资产价值中的短期投资包括（　　）。

A. 股票　　B. 债券

C. 基金　　D. 银行存款

E. 应收款项

【解析】 本题考核流动资产内容。流动资产是指可以在一年内或者超过一年的一个营业周期内变现或者运用的资产，包括现金及各种存款以及其他货币资金、短期投资、存货、应收及预付款项和其他流动资产等。其中短期投资包括股票、债券、基金，故A、B、C选项正确。

9.【2022年真题】关于建设项目形成无形资产的下列说法正确的有（　　）。

A. 投资者按无形资产作为资本金投入的，按评估确认的金额计价

B. 购入的无形资产，按评估确认的价款计价

C. 企业自创并依法申请取得的，按新增的收益计价

D. 接受捐赠的无形资产，按照发票账单所载金额或者同类无形资产市场价计价

E. 无形资产入账后，应在其有效使用期内分期摊销

【解析】 本题考核无形资产相关知识点。B选项错误，购入的无形资产，按照实际支付的价款计价；C选项错误，企业自创并依法申请取得的，按开发过程中的实际支出计价。

10.【2020年真题】根据现行财务制度和企业会计准则，新增固定资产价值的内容包括（　　）。

A. 专有技术　　B. 项目建设管理费

C. 土地征用费　　D. 银行存款

E. 建设工程设计费

【解析】 本题考核新增固定资产价值相关知识点。新增固定资产价值的内容包括：已投入生产或交付使用的建筑、安装工程造价；达到固定资产标准的设备、工器具的购置费用；增加固定资产价值的其他费用。其他费用包括项目建设管理费、土地征用费、地质勘察和建筑工程设计费、生产工艺流程系统设计费等。故B、C、E选项正确。

11.【2019年真题】一般不属于无形资产的，但当转让后可以计入无形资产的是（　　）。

A. 自创专利权　　B. 自创专有技术

C. 自创商标权　　D. 出让方式取得土地使用权

E. 划拨方式取得土地使用权

【解析】 本题考核新增无形资产计价方法。专利权无论是资产还是外购都作为无形资产入账，故A选项错误；专有技术及商标权自创不作为无形资产入账，产生的费用计入当期费用，当其转让时应计入无形资产，故B、C选项正确；土地使用权是否作为无形资产入

账要看是否缴纳了土地出让金，以出让方式取得的土地使用权作为无形资产入账，以划拨方式取得的土地使用权不作为无形资产入账，当转让以划拨方式取得的土地使用权时，补缴土地出让金后方可作为无形资产入账，故 D、E 选项错误。

12. **【2016 年真题】**关于新增固定资产价值的确定，下列说法中正确的有（　　）。

A. 以单位工程为对象计算

B. 以验收合格、正式移交生产或使用为前提

C. 分期分批交付生产的工程，按最后一批交付时间统一计算

D. 包括达到固定资产标准不需要安装的设备和工具器的价值

E. 是建设项目竣工投产所增加的固定资产价值

【解析】 本题考核新增固定资产的确定。A 选项错误，新增固定资产价值的计算是以独立发挥生产能力的单项工程为对象的；C 选项错误，分期分批交付生产或使用的工程，应分期分批计算新增固定资产价值。

参考答案

1	2	3	4	5	6	7	8	9	10
C	D	C	B	A	D	C	ABC	ADE	BCE
11	12								
BC	BDE								

【2025 考点预测】

1. 分期交付及一次交付使用的工程计算新增固定资产价值的方法及固定价值包括的内容。

2. 核定新增固定资产时共同费用的分摊方法及计算。

3. 无形资产购入、自创、接受捐赠、作为资本金入股的计价方式。

4. 专利权、专有技术商标权及土地使用权的计价方法。